青海省清洁能源发展报告 2023 年度

QINGHAI PROVINCE CLEAN ENERGY
DEVELOPMENT REPORT

青海省能源局
水电水利规划设计总院 编

中国水利水电出版社
www.waterpub.com.cn
·北京·

图书在版编目（CIP）数据

青海省清洁能源发展报告2023年度 / 青海省能源局，水电水利规划设计总院编． -- 北京 ：中国水利水电出版社，2024．7． -- ISBN 978-7-5226-2613-0

Ⅰ．F426.2

中国国家版本馆CIP数据核字第2024W7Y376号

书　　名	青海省清洁能源发展报告 2023 年度 QINGHAI SHENG QINGJIE NENGYUAN FAZHAN BAOGAO 2023 NIANDU
作　　者	青海省能源局　水电水利规划设计总院　编
出版发行	中国水利水电出版社 （北京市海淀区玉渊潭南路 1 号 D 座　100038） 网址：www. waterpub. com. cn E - mail：sales@ mwr. gov. cn 电话：（010）68545888（营销中心）
经　　售	北京科水图书销售有限公司 电话：（010）68545874、63202643 全国各地新华书店和相关出版物销售网点
排　　版	中国水利水电出版社微机排版中心
印　　刷	北京科信印刷有限公司
规　　格	210mm×285mm　16 开本　8.75 印张　158 千字
版　　次	2024 年 7 月第 1 版　2024 年 7 月第 1 次印刷
定　　价	98.00 元

编 委 会

前　言

　　2023 年是全面贯彻落实党的二十大精神开局之年，是实施"十四五"规划承前启后的关键之年，也是全面建设社会主义现代化国家开局起步的重要一年。 中央经济工作会议强调："积极稳妥推进碳达峰碳中和，加快打造绿色低碳供应链。"我国可再生能源继续保持快速发展势头，总装机超过 15 亿 kW，占全国发电总装机比例超过 50%，历史性超过火电装机；在全球可再生能源新增装机中，我国贡献超过 50%。 可再生能源年发电量约3 万亿 kW·h，占全社会用电量比例约 1/3，能源结构进一步优化，绿色底色更加鲜亮，能源绿色低碳转型步伐更加坚实有力，新型电力系统清洁低碳的特征愈发明显。

　　2023 年，青海省牢记习近平总书记"打造国家清洁能源产业高地"殷殷嘱托，积极融入国家重大能源战略布局，充分挖掘资源禀赋和比较优势，加快推进清洁能源规模化、基地化发展。 青海省人民政府和国家能源局共建青海国家清洁能源示范省第三次协调推进会在西宁召开，评估阶段性成果经验，部署共建工作任务。 青海省委全面深化改革委员会第二十二次会议专题研究推进打造国家清洁能源产业高地，掀开青海清洁能源产业发展新篇章。 青海省坚持把清洁能源作为重要的发展机遇，统筹推进高水平保护和高质量发展，深化与央企、兄弟省份合作，聚力解决"五大错配"问题，推动国家清洁能源产业高地建设行稳致远，全省清洁能源装机占比、新能源装机占比、非水可再生能源消纳比重保持全国领先，能源产业的含绿量、含金量、含新量不断提升，清洁能源发展呈现"风生水起""风光无限"的美好图景，青海正从地理高地向清洁能源产业高地大步迈进。

　　2023 年，青海省加快构建规划、政策、基地、项目、企业"五位一体"推进格局，清洁能源产业已经成为青海省最具资源优势、规模优势、市场优势、特色优势的支柱产业。全年新增清洁能源装机 983 万 kW，清洁能源装机规模突破 5100 万 kW（含储能 50 万kW）。 全省总发电量首次突破千亿千瓦时大关，特别是新能源发电量首次超过水电成为省内第一大电源，青海在全国率先实现新能源装机和发电量占比"双主体"。 国家三批大型风电光伏基地加快建设，李家峡水电站扩机工程投运，玛尔挡水电站成功下闸蓄水，羊曲水电站顺利筑坝到顶，哇让、同德、南山口抽水蓄能电站全面开工建设；世界最大液态空气储能示范项目落地建设，首个绿电制氢项目投产；昆仑山 750kV 输变电工程投运，电网形成东部"日"字形、西部"8"字形骨干网架，成为交流系统送受电能力均超千万千瓦的省级电网；青豫直流年度送电 174.7 亿 kW·h，青海"绿电"点亮杭州亚运会场馆。全年多晶硅、单晶硅、光伏组件产量分别达 17.3 万 t、17.6 万 t、36.5 万 kW，全国外贸"新三样"中青海占了两样，太阳能电池和锂电池出口量分别增长 2 倍、3.6 倍，"光伏锂电一条街"折射出青海发展清洁能源的巨大优势和广阔前景。

为更好服务青海打造国家清洁能源产业高地建设，及时全面总结清洁能源发展成就，分析研判清洁能源发展特点和趋势，为实现高地目标提出切实可行的发展建议，加快清洁能源资源开发利用，持续助推高地战略落地，青海省能源局和水电水利规划设计总院联合编写了《青海省清洁能源发展报告 2023 年度》。全书共分为 16 篇，包括：发展综述、发展形势、常规水电及抽水蓄能、太阳能发电、风力发电、生物质能、地热能、天然气、新型储能、氢能、电网、清洁能源对全省经济带动效应、绿色电力证书、政策要点、热点研究方向、大事纪要，从客观数据入手作简明入理分析，全面反映了青海省 2023 年清洁能源发展总体状况，分类提出了发展趋势、发展特点及对策建议。

《青海省清洁能源发展报告 2023 年度》是宣传青海清洁能源发展经验的品牌和展示青海清洁能源发展成就的窗口，在报告编写过程中，得到国家可再生能源信息管理中心、省直有关部门、各市（州）能源主管部门、青海省社会科学院、国家电网青海省电力公司、各发电企业、中国电建集团西北勘测设计研究院有限公司等相关企业、机构的大力支持和指导，在此谨致衷心感谢。

青海省能源局

水电水利规划设计总院

2024 年 6 月

CONTENTS

目录

1

发展综述

1.1 我国是全球可再生能源领跑者

2023 年，我国可再生能源保持高速度发展、高比例利用、高质量消纳的良好态势，为保障电力供应、促进能源转型、扩大有效投资发挥了重要作用。截至 2023 年底，我国全口径发电装机容量 29.20 亿 kW，同比增长 13.9%，其中煤电装机容量 11.65 亿 kW，气电装机容量 1.26 亿 kW，核电装机容量 5691 万 kW，可再生能源发电累计装机规模突破 15 亿 kW 大关，达到 15.17 亿 kW，同比增长 24.9%，可再生能源发电装机容量占全国发电总装机容量的比例历史性超过 50%，达到 51.9%，在全球可再生能源发电总装机中的占比接近 40%。2023 年，我国可再生能源发电新增装机容量 3.03 亿 kW，新增装机容量同比增长 103%，占全国新增装机容量的 84.9%，超过世界其他国家的总和。

可再生能源发电装机中，常规水电装机容量 3.71 亿 kW，占全部发电装机容量的 12.7%；抽水蓄能装机容量 5094 万 kW，占全部发电装机容量的 1.7%；风电装机容量 4.41 亿 kW，占全部发电装机容量的 15.1%；太阳能发电装机容量 6.09 亿 kW，占全部发电装机容量的 20.9%；生物质发电 4414 万 kW，占全部发电装机容量的 1.5%。太阳能发电首次超过常规水电，跃居第二，仅次于煤电。以风电、太阳能发电为主的新能源总装机突破 10 亿 kW，成为我国可再生能源发展的主力军。可再生能源在我国能源结构中的地位日益重要，人均可再生能源装机规模突破 1kW。

2023 年，我国全口径发电量 9.29 万亿 kW·h，同比增长 6.7%，其中煤电发电量 5.38 万亿 kW·h，气电发电量 3016 亿 kW·h，核电发电 4341 亿 kW·h，可再生能源发电量 2.95 万亿 kW·h，同比增长 8.3%。2023 年可再生能源发电量占全社会用电量的 32%，成为保障电力供应的重要力量。我国可再生能源年发电量超过欧盟全社会用电量。2023 年，可再生能源新增发电量 2262 亿 kW·h，占全部新增发电量的 38.7%。

可再生能源发电量中，水电、风电、太阳能发电、生物质发电量分别为 12836 亿 kW·h、8858 亿 kW·h、5833 亿 kW·h 和 1980 亿 kW·h，占全口径发电量的比例分别为 13.8%、

9.5%、6.3%和2.1%；风电、光伏发电量占全社会用电量比例超过15%，同比增长24%，成为拉动非化石能源消费占比提升的主力。

2023年，全国主要可再生能源发电项目完成投资超过7697亿元，占全部电源工程投资约80%；风电机组等关键零部件的产量占到全球市场的70%以上，光伏多晶硅、硅片、电池片和组件产量占全球比例均超过80%。2023年，我国"新三样"产品（电动载人汽车、锂电池、光伏产品）合计出口约1.06万亿元，首次突破万亿元大关，可再生能源产品已经成为我国向世界递出的靓丽新名片。

1.2 青海清洁能源发展的全国领先地位进一步提升

2023年，青海省深入贯彻落实习近平总书记"四个革命、一个合作"能源安全新战略和打造国家清洁能源产业高地的重大要求，主动服务和融入国家大局，国家清洁能源产业高地建设加快推进，清洁能源发展的全国领先地位进一步提升。

具有"水丰光富风好地广"的资源禀赋

青海省清洁能源资源品类齐全，开发优势显著，开发潜力巨大，水能、风能、太阳能资源储量位居全国前列，是清洁能源资源大省、富省，清洁能源开发利用条件居全国首位。一是水丰，全省水能资源理论蕴藏量2187万kW，位居全国第5位；二是光富，全省太阳能资源得天独厚，年总辐射量达5300～7400MJ/m²，年日照时间达1900～3600h，位居全国第2位（仅次于西藏）；三是风好，全省70m高度年平均风功率密度大于200W/m²的风能资源技术开发量达7500万kW以上，位居全国前列，特别是低风速风电开发潜力巨大；四是地广，全省可用于新能源开发的荒漠化土地达10万km²以上，新能源土地成本属全国最低之列。

清洁能源装机规模突破5100万kW，占比接近93%

截至2023年底，青海省全口径电源总装机容量5498万kW（含储能50万kW）。其中煤电装机容量389万kW（其中可提供调峰调频支撑的统调煤电装机316万kW，其余为自备电厂），占全部发电装机容量的7.1%；清洁能源发电装机容量突破5100万kW，达

5109 万 kW（含储能 50 万 kW），占全部发电装机容量的 92.9%。

清洁能源发电装机中，水电装机容量 1305 万 kW，占全部发电装机容量的 23.7%；风电装机容量 1185 万 kW，占全部发电装机容量的 21.6%；太阳能发电装机容量 2561 万 kW，占全部发电装机容量的 46.6%；储能装机容量 50 万 kW，占全部发电装机容量的 0.9%；生物质发电装机容量 7.8 万 kW，占全部发电装机容量的 0.1%。各类电源装机容量变化及占比见表 1.1 和图 1.1。

表 1.1　　　　　　　　　　2023 年和 2022 年各类电源累计装机容量

电源类型	装机容量/万 kW		同比增长/%
	2023 年	2022 年	
各类电源总装机容量	5448	4468	21.9
清洁能源发电	5059	4076	24.1
风电	1185	972	21.9
太阳能发电	2561	1842	39.0
其中：光伏发电	2540	1821	39.5
光热发电	21	21	0.0
水电	1305	1261	3.5
生物质发电	7.8	0.8	875.0
煤电	389	393	−1.0

注　为与《青海省清洁能源发展报告 2022》保持一致，清洁能源发电装机和各类电源总装机容量均不包含储能。

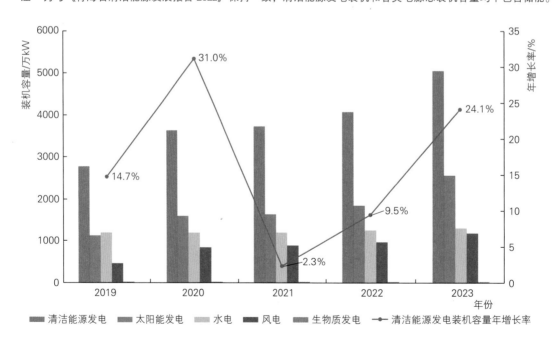

图 1.1　2019—2023 年清洁能源装机容量及年增长率变化对比

全年新增清洁能源装机容量近 1000 万 kW

依托丰富的风能、太阳能等资源优势，青海省积极推动能源结构调整，大力发展风电、太阳能发电等清洁能源，能源清洁低碳转型加快推进，清洁能源供给能力和质量稳步提升，清洁能源已成为青海省能源转型重要部分和未来电力增量主体。

2023 年，青海省新增清洁能源发电装机容量 983 万 kW，近 1000 万 kW。其中，水电新增装机容量 44 万 kW，太阳能发电新增装机容量 719 万 kW，风电新增装机容量 214 万 kW，生物质发电新增装机容量 7 万 kW。2019—2023 年，青海省清洁能源发电装机容量年均增长率为 12.8%，在全省电力总装机容量中的占比从 2019 年的 87.6% 提升到 2023 年的 92.9%，煤电装机容量占比从 12.4% 下降到 7.1%。2019—2023 年青海省清洁能源发电装机容量及新增装机容量变化见表 1.2 和图 1.2。

表 1.2　2019—2023 年青海省清洁能源发电装机容量及新增装机容量一览表

年　　份	2019	2020	2021	2022	2023
清洁能源发电新增装机容量/万 kW	355	861	85	354	983
清洁能源发电装机容量/万 kW	2776	3637	3722	4076	5059
电力总装机容量/万 kW	3168	4029	4114	4468	5448
装机容量占比/%	87.6	90.3	90.5	91.2	92.9

注　为与《青海省清洁能源发展报告 2022》保持一致，清洁能源发电装机与电力总装机容量均不包含储能。

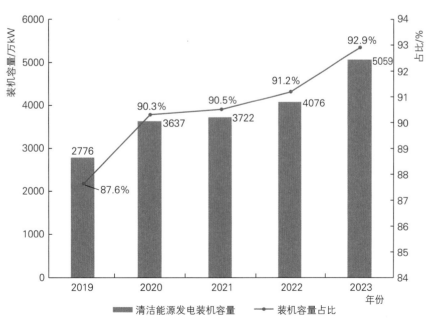

图 1.2　2019—2023 年青海省清洁能源发电装机容量及占比

新能源发电装机占比连续四年超过 60%

青海省立足清洁能源资源发展优势，统筹内用和外送加快推进大型风电光伏基地建设，新能源呈现基地化、规模化开发态势。截至 2023 年底，青海省新能源发电装机容量达 3754 万 kW（不含储能），新能源发电装机容量在全省电力总装机容量中的占比，从 2019 年的 50.0% 增长至 2023 年的 68.9%，近五年均保持增长态势，新能源装机占比连续四年超过 60%（见图 1.3），持续保持全国最高。

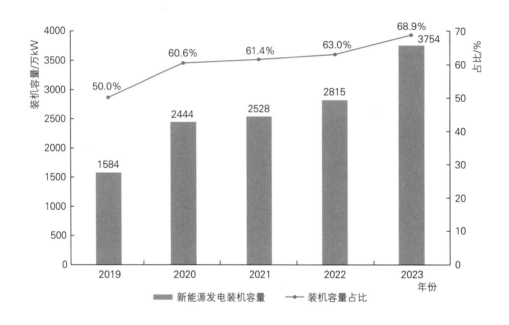

注：新能源发电包含太阳能发电、风电、生物质发电。

图 1.3　2019—2023 年新能源发电装机容量及占比

常规水电稳步推进，抽水蓄能开工实现零的突破

2023 年，青海省加快常规水电项目实施。世界最大双排机布置的李家峡水电站全容量并网发电；玛尔挡水电站成功下闸蓄水，羊曲水电站镶嵌混凝土面板堆石坝坝体填筑顺利封顶，工程形象进度满足 2024 年投运目标。印发《青海省抽水蓄能项目管理办法（暂行）》和《关于进一步规范青海省抽水蓄能项目招标工作的指导意见》，填补了全省抽水蓄能行业管理空白。哇让、同德、南山口三座抽水蓄能电站开工建设，实现了青海省抽水蓄能项目开工零的突破，开工项目总装机容量 760 万 kW，居西北五省（自治区）前列。

全省总发电量突破千亿大关，清洁能源发电量呈现"一降三升"特征

2023 年，青海省各类电源全口径总发电量首次突破千亿千瓦时大关，达到 1008 亿 kW·h，同比增长 1.5%。其中，煤电发电量 157 亿 kW·h，占各类电源总发电量的 15.6%，同比增长 1.9%；清洁能源发电量 851 亿 kW·h，占全部发电量的 84.4%，同比增长 1.4%。

青海省清洁能源发电量呈现"一降三升"特征，其中水电发电量 398 亿 kW·h，占各类电源总发电量的 39.5%，同比降低 6.8%，是第一大发电量主体；风电发电量 161 亿 kW·h，占各类电源总发电量的 16.0%，同比增加 3.2%；太阳能发电量 290 亿 kW·h，占各类电源总发电量的 28.8%，同比增加 13.3%；生物质发电量 2 亿 kW·h，占各类电源总发电量的 0.2%，同比增加 566.7%。风电、太阳能、生物质发电量均呈现增长态势，创历史新高。受黄河来水偏枯影响，水电发电量持续下降。各类电源发电量变化及占比见表 1.3 和图 1.4、图 1.5。

表 1.3　　　　　　　　2023 年与 2022 年各类电源发电量一览表

电源类型	发电量/(亿 kW·h)		同比增长/%
	2023 年	2022 年	
总发电量	1008	993	1.5
清洁能源发电	851	839	1.4
风电	161	156	3.2
太阳能发电	290	256	13.3
水电	398	427	-6.8
生物质发电	2	0.3	566.7[①]
煤电	157	154	1.9

① 2023 年新增生物质发电装机容量 7 万 kW（2022 年生物质发电装机容量仅 0.8 万 kW），故生物质发电量增幅较大。

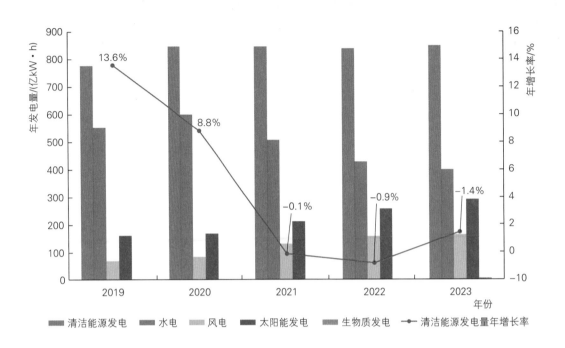

图 1.4　2019—2023 年清洁能源发电量及年增长率变化对比

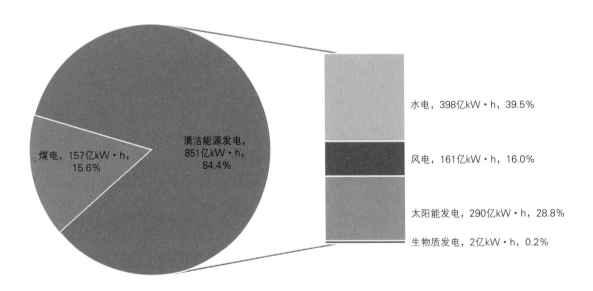

图 1.5　青海省 2023 年各类电源年发电量及占比

新能源发电量历史性超过水电，占比接近 45%

2023 年青海省全口径新能源发电量 453 亿 kW·h，较 2022 年提高 41 亿 kW·h，历史性超过水电发电量。新能源发电量在全省电力总发电量的占比从 2019 年的 25.5% 提升到 2023 年的 44.9%，近五年均保持增长趋势，特别是 2023 年新能源发电量占比接近 45%，增长显著。2019—2023 年青海省新能源发电量及占比如图 1.6 所示。

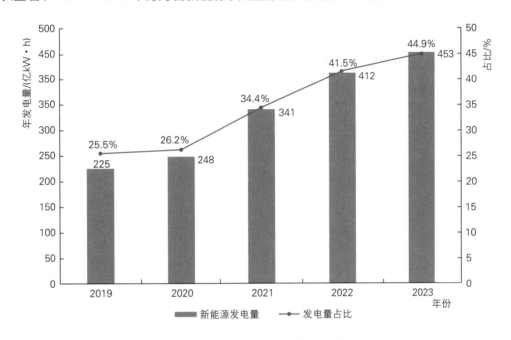

图 1.6 2019—2023 年青海省新能源发电量及占比

1.3 青海省清洁能源技术创新能力不断提高

2023 年，青海光伏、储能两大千亿级产业发展取得长足进步，首个绿氢项目——华电德令哈 PEM 电解水制氢示范工程建成投产，成功制出青海省第一方纯度 99.999% 的绿氢。全省多晶硅、单晶硅、太阳能电池产量分别达到 17.3 万 t、17.6 万 t、36.5 万 kW，全国外贸"新三样"中青海占了两样。"黄河造"高效 IBC 组件产品获国际环境产品声明 EPD 认证证书，认定产品整个生命周期的环保性能符合国际公认的环保评估体系，成为青海省获得的首个国际 EPD 认证证书。全省首例多功能光伏建筑一体化项目成功并网发电，为探索高效 IBC 晶硅电池组件技术与建筑融合应用提供助力。天合光能至尊 670W 系列超高功率组件在西宁成功下线，标志着西宁市在超高功率组件领域实现零的突破。

青海省制定印发《科技助力国家清洁能源产业高地建设行动方案（2023—2030 年）》，重点围绕清洁能源产业发展短板弱项和新型电力系统示范省建设"五个错配"问题，明确今后发展的 6 个科研方向和 20 项重点任务，基本覆盖清洁能源发展的重点技术领域和关键环节。 同时围绕清洁能源领域，布局 7 家省级重点实验室、9 家省级工程技术研究中心，正在组建全国首个省级新型电力系统技术创新中心。

2

发展形势

2.1　我国可再生能源发展面临的形势

从国际形势看，在全球气候变化背景下，世界格局和国际体系深刻调整，地缘冲突升级加剧，全球经济增长乏力，能源格局加速演变，加快可再生能源发展成为全球共识。2023 年，《联合国气候变化框架公约》第二十八次缔约方大会(COP28)就《巴黎协定》进行首次全球盘点，198 个缔约方达成"阿联酋共识"，呼吁各国采取积极行动，包括到 2030 年全球可再生能源装机容量增加至 3 倍、全球年均能效增加 1 倍、尽快取消低效的化石燃料补贴等。 关于化石燃料的相关表述首次出现在大会决议文件，开启了全球应对气候变化的新篇章，对各国能源绿色转型和推动可再生能源发展将产生深远影响。 2023 年，全球可再生能源发电新增装机容量 4.7 亿 kW，其中中国的贡献度超过了 50％，中国已经成为世界清洁能源发展不可或缺的力量。

从国内形势看，习近平总书记强调"能源保障和安全事关国计民生，是须臾不可忽视的'国之大者'""要科学规划建设新型能源体系，促进水风光氢天然气等多能互补发展""积极培育新能源、新材料、先进制造、电子信息等战略性新兴产业，积极培育未来产业，加快形成新质生产力，增强发展新动能。 加快发展风电、光电、核电等清洁能源，建设风光火核储一体化能源基地"，为推动新时代能源高质量发展指明了方向。 在碳达峰碳中和目标的指引下，全国上下深入贯彻"四个革命、一个合作"能源安全新战略，能源安全稳定供应能力稳步增强，能源绿色低碳转型步伐加快，可再生能源保持高质量、跨越式发展的良好态势，我国已成为全球可再生能源领域的领跑者。 全国可再生能源发电总装机年内连续突破 13 亿 kW、14 亿 kW、15 亿 kW 大关，达到 15.16 亿 kW，占全国发电总装机超过 50％，历史性超过火电装机，成为我国第一大电源，特别是太阳能发电装机规模超越水电成为我国第二大电源。

2024 年是新中国成立 75 周年，是深入实施"四个革命、一个合作"能源安全新战略十周年，是完成"十四五"规划目标任务的关键一年。 根据国家能源局《2024 年能源工作指导意见》，全国能源结构将持续优化，非化石能源发电装机占比提高到 55% 左右；风电、太阳能发电量占全国发电量的比例达到 17% 以上；天然气消费稳中有增，非化石能源占能源消费总量比例提高到 18.9% 左右，终端电力消费比重持续提高。 一是巩固扩大风电光伏良好发展态势。 稳步推进大型风电光伏基地建设，有序推动项目建成投产。 做好全国光热发电规划布局，持续推动光热发电规模化发展。 因地制宜加快推动分散式风电、分布式光伏发电开发，在条件具备地区组织实施"千乡万村驭风行动"和"千家万户沐光行动"。 开展全国风能和太阳能发电资源普查试点工作。 二是稳步推进水电核电开发建设。 编制主要流域水风光一体化基地规划，有序推进重大水电工程前期工作。 三是持续完善绿色低碳转型政策体系。 科学优化新能源利用率目标，印发 2024 年可再生能源电力消纳责任权重并落实到重点行业企业，以消纳责任权重为底线，以合理利用率为上限，推动风电光伏高质量发展。 持续推进绿证全覆盖和应用拓展，加强绿证与国内碳市场的衔接和国际认可，进一步提高绿证影响力。 研究光伏电站升级改造和退役有关政策。 制定实施抽水蓄能电站开发建设管理暂行办法，促进抽水蓄能可持续健康发展。

2.2 青海清洁能源发展面临的形势

2023 年，青海省加快打造国家清洁能源产业高地，印发《青海打造国家清洁能源产业高地 2023 年工作要点》（青能新能〔2023〕66 号），明确清洁能源开发行动、新型电力系统构建行动、清洁能源替代行动、储能多元打造行动、产业升级推动行动、发展机制建设行动 6 类、46 项具体方案，清洁能源已成为奋力谱写中国式现代化国家青海篇章的时代机遇，更是青海实现高质量发展的新路径、新动能。 从省内来看，全省清洁能源保持高速发展态势，全年新增清洁能源装机 983 万 kW，清洁能源总装机首次突破 5000 万 kW 大关，在建规模 2000 万 kW 以上。 全省能源投资达 509 亿元，约占全省固定资产投资的 31.4%，已连续 4 年超过全省固定资产投资的 20%。 其中清洁能源投资 345 亿元，占能源投资的 67%，连续三年超过全省固定资产投资的 15%。 从全国来看，青海省清洁能源发电装机占比居全国前列，但总体规模仍有待提高。 全省电力总装机容量 5498 万 kW（含储能 50 万 kW），占全国电力总装机容量的 1.9%，居全国第 23 位；清洁能源发电装机容量 5109 万 kW（含储能 50 万 kW），占全国可再生能源发电总装机容量的 3.3%，居全国第 14

位；清洁能源发电装机占比 93％，高出全国平均值 41 个百分点，居全国首位；全年新增清洁能源发电装机规模占全国新增可再生能源发电总装机规模的 3.2％，居全国第 14 位，居西北五省（自治区）第 3 位；全年光伏发电利用率 91.44％，低于全国平均值 6.54 个百分点，居全国倒数第 2 位，风电利用率 94.17％，低于全国平均值 3.17 个百分点，居全国末位，消纳形势严峻。

2024 年，青海省能源工作将更加强化统筹布局，加快构建规划、政策、基地、项目、企业"五位一体"推进格局，全年新增装机容量突破 1500 万 kW，推动水风光火储等多种电源协调发展，加快形成安全、稳定、可靠的绿电供给体系。一是坚持以规划布局为引领，摸清太阳能和风能资源底数，制定新型电力系统、基地建设等领域规划方案，实现清洁能源资源高效配置。二是坚持以政策支撑为驱动，出台清洁能源立法、资源配置等政策措施，理顺和健全清洁能源发展的体制机制。三是坚持以基地建设为支撑，围绕柴达木沙漠基地、海南州戈壁基地，推进清洁能源基地化建设。四是坚持以重大项目为抓手，加快建成一批惠当前、利长远的水电、抽水蓄能等高效能项目。五是坚持以企业发展为载体，建立全链条项目管理体系，强化要素服务保障，让企业安心在青海投资兴业、发展壮大。

2.3 青海清洁能源发展存在的问题

2023 年，青海省清洁能源发展取得了显著成就，但依然存在一些问题，主要表现为"五个错配"。

一是电源结构错配问题。主要表现在光伏过快增长，常规电源建设缓慢，新能源占比高达 68.3％，作为支撑电源的水电占比 23.7％、火电占比 7.1％，导致电力系统呈现季节性的"夏丰冬枯"与日内的"日盈夜亏"。

二是网源时空错配问题。主要表现在新能源建设进度快，电网建设周期长，造成网源时序衔接不匹配。外送通道仅有青豫直流，海西风光资源富集，但电网支撑能力不足，且缺乏外送通道，造成网源空间不匹配。

三是生产消纳错配问题。主要表现为本地消纳能力有限，用电负荷增速为新能源增速的 1/8。海西蒙古族藏族自治州、海南藏族自治州清洁能源资源富集区与西宁市、海东市负荷中心逆向分布，供需两端空间不匹配。工业负荷约占全网 80％以上，且多为不可

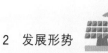

中断负荷，与光伏发电时间不匹配。

四是储能周期错配问题。 主要表现在已建储能为短时电化学储能，寿命周期短、投资造价高、无法提供转动惯量支撑，同时抽水蓄能建设周期长达 7～10 年，且缺乏电价激励引导机制。

五是价值价格错配问题。 主要表现在新能源上网电价全国最低，青豫直流落地电价低于河南燃煤标杆电价，未体现出"绿电"生态价值，夜间外购电多为高价煤电，省际间购、送电价格倒挂，抬高了省内用电成本。

3

常规水电
及抽水蓄能

3.1 发展基础

水能资源丰富，被誉为"中华水塔"

青海全省地势总体呈西高东低、南北高中部低的态势，山高水长，河床天然落差大，水量丰沛且稳定，水能资源丰富，是黄河、长江、澜沧江的发源地，被誉为"中华水塔"。省内水系分为黄河流域、长江流域、澜沧江流域和内陆河流域四大流域区，水力资源总理论蕴藏量为 2187 万 kW，其中黄河流域 1396 万 kW，占 63.8%；长江流域 444 万 kW，占 20.3%；澜沧江流域 195 万 kW，占 8.9%；内陆河流域 152 万 kW，占 7%。

抽水蓄能资源丰富，项目开工规模居西北首位

根据国家发展和改革委员会、国家能源局《关于加快"十四五"时期抽水蓄能项目开发建设有关工作的通知》，青海省共计 10 个站点（1790 万 kW）纳入国家"十四五"抽水蓄能核准计划，省内抽水蓄能资源丰富。截至 2023 年底，已核准的哇让（280 万 kW）、同德（240 万 kW）、南山口（240 万 kW）三座抽水蓄能电站均开工建设，开工规模居西北五省（自治区）首位，另有龙羊峡储能（一期）、玛沁、德令哈、大柴旦鱼卡、大柴旦、共和、格尔木那棱格勒、温泉 8 个项目加快开展前期工作。

3.2 发展现状

常规水电资源开发程度近半，技术经济条件较好的水能资源基本得到利用

截至 2023 年底，全国水电装机容量 42154 万 kW，其中，常规水电装机容量 37060 万 kW，抽水蓄能装机容量 5094 万 kW；青海省已投产常规水电装机容量约

1305 万 kW，占全国常规水电装机容量的 3.5%。 省内水电资源开发程度近半，技术经济条件较好的水能资源基本得到利用。

根据实际运行情况，2023 年常规水电装机规模按行政区域划分布局如下（见图 3.1、图 3.2）：

（1）海南藏族自治州水电装机容量约 618.6 万 kW，共 39 座，位居全省首位。 其中，大型水电站 3 座，包括班多水电站（36 万 kW）、龙羊峡水电站（128 万 kW）、拉西瓦水电

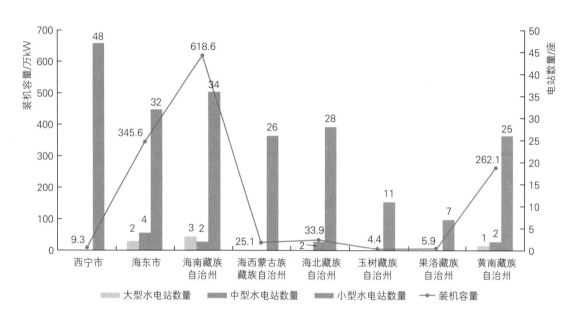

图 3.1 2023 年青海省各市（州）常规水电装机规模分布

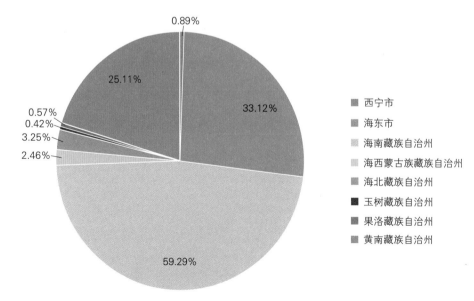

图 3.2 2023 年青海省常规水电投产装机容量分布

站（420万kW），均位于黄河干流；中型水电站2座，包括尼那水电站（16万kW）、尕曲水电站（8万kW）；小型水电站34座，装机容量合计10.6万kW。

（2）海东市水电装机容量345.6万kW，共38座，位居全省第2位。其中，大型水电站2座，包括公伯峡水电站（150万kW）、积石峡水电站（102万kW），均位于黄河干流；中型水电站4座，包括苏只水电站（22.5万kW）、黄丰水电站（22.5万kW）、大河家水电站（14.2万kW）、金沙峡水电站（7万kW）；小型水电站32座，装机容量合计27.4万kW。

（3）黄南藏族自治州水电装机容量262.1万kW，共28座，位居全省第3位。其中，大型水电站1座，为李家峡水电站（200万kW），位于黄河干流；中型水电站2座，包括直岗拉卡水电站（19万kW）、康扬水电站（28.4万kW）；小型水电站25座，装机容量合计14.7万kW。

（4）海北藏族自治州水电装机容量33.9万kW，共30座。其中，中型水电站2座，包括石头峡水电站（9万kW）、纳子峡水电站（8.7万kW）；小型水电站28座，装机容量合计16.2万kW。

（5）海西蒙古族藏族自治州水电装机容量25.1万kW，共26座，均为小型水电站。

（6）西宁市水电装机容量9.3万kW，共48座，均为小型水电站。

（7）果洛藏族自治州水电装机容量5.9万kW，共7座，均为小型水电站。

（8）玉树藏族自治州水电装机容量4.4万kW，共10座，均为小型水电站。

从流域分布来看，青海省已建、在建水电站主要集中在黄河干流，其中龙羊峡以上河段已建水电站为班多水电站，在建水电站为玛尔挡水电站和羊曲水电站；龙羊峡及以下河段包括已建龙羊峡、拉西瓦、尼那、李家峡、直岗拉卡、康扬、公伯峡、苏只、黄丰、积石峡和大河家11座梯级水电站。截至2023年底，黄河流域青海段已建大型水电站12座，总装机容量1159万kW。2023年青海省黄河干流已建、在建梯级水电站工程概况见表3.1。

表3.1　　　　2023年青海省黄河干流已建、在建梯级水电站工程概况表

序号	电站名称	正常蓄水位/m	调节库容/亿 m³	装机容量/万 kW	建设情况	开发业主
1	玛尔挡	3275	7.06	220（拟增容至232万 kW）	在建（预计2024年投产）	国家能源
2	班多	2760	0.037	36	2011年投产	国家电投

续表

序号	电站名称	正常蓄水位/m	调节库容/亿 m³	装机容量/万 kW	建设情况	开发业主
3	羊曲	2710①		120	在建（预计 2024 年投产）	国家电投
4	龙羊峡	2600	193.5	128	1987 年投产	国家电投
5	拉西瓦	2452	1.5	420	2009 年投产	国家电投
6	尼那	2235.5	0.083	16	2003 年投产	中国电建
7	李家峡	2180	0.58	200	1997 年投产	国家电投
8	直岗拉卡	2050	0.03	19	2007 年投产	大唐国际
9	康扬	2033	0.05	28.4	2006 年投产	三江水电
10	公伯峡	2005	0.75	150	2004 年投产	国家电投
11	苏只	1900	0.142	22.5	2006 年投产	国家电投
12	黄丰	1880.5	0.14	22.5	2015 年投产	三江水电
13	积石峡	1856	0.45	102	2010 年投产	国家电投
14	大河家	1783		14.2	2018 年投产	三江水电

① 按照生态环境部《关于黄河羊曲水电站工程环境影响报告书的批复》（环审〔2020〕104 号）要求，羊曲水电站水库按照 2710m 的生态限制水位运行。

世界最大双排机布置李家峡水电站全容量投产发电

2023 年 10 月，黄河李家峡水电站扩机工程 5 号机组顺利通过 72h 试运行，正式投产发电，标志着我国首次采用双排机布置，也是世界最大双排机布置的李家峡水电站 200 万 kW 全容量投产。

全面推进小水电清理整改工作

截至 2023 年底，青海省开发建设小水电站共 283 座，总装机容量 122.6 万 kW（占全省水电装机容量的 9.4%）。其中，正常运行 199 座（装机容量 106.6 万 kW），停运 30 座（装机容量 1.8 万 kW），已拆除或部分拆除 44 座（装机容量 5 万 kW），未运行 6 座（装机容量 0.5 万 kW），在建 4 座（装机容量 8.7 万 kW）。按流域划分，黄河流域 200 座，装机容量 86.2 万 kW；长江流域 19 座，装机容量 2.5 万 kW；澜沧江流域 11 座，装机容量 2.9 万 kW；内陆河流域 53 座，装机容量 31 万 kW。按地区划分，西宁市 50 座，装机容量 10.1 万 kW；海东市 37 座，装机容量 26.4 万 kW；海南藏族自治州 46 座，装机容量

11.4 万 kW；海西蒙古族藏族自治州 44 座，装机容量 28.1 万 kW；海北藏族自治州 40 座，装机容量 21 万 kW；黄南藏族自治州 27 座，装机容量 14.3 万 kW；果洛藏族自治州 11 座，装机容量 6.4 万 kW；玉树藏族自治州 28 座，装机容量 4.9 万 kW。按装机划分，装机容量 1 万 kW 及以下的 243 座，其中装机容量不足 0.1 万 kW 的 147 座，装机容量 0.1 万～1 万 kW 的 96 座；装机容量 1 万～5 万 kW 的 40 座，其中最大的 4.8 万 kW。

小水电在解决农村牧区用电、助力脱贫攻坚、优化能源结构、促进地方经济社会发展方面发挥了重要作用，但在发展过程中，也存在一些地区无序开发、过度开发，对河流生态系统造成严重影响等问题。按照水利部等七部委关于进一步做好小水电分类整改工作的意见，特别是 2023 年底中央第三轮生态环境保护督察整改的要求，青海省先后印发《小水电站影响河流生态系统健康突出问题排查整治工作方案》《关于进一步推进湟水流域小水电清理整改工作的决定》《关于进一步做好小水电清理整改工作的通知》等，以严之又严实之又实的有力举措全面推进小水电清理整改工作。截至 2023 年底，全省 283 座小水电站，已完成整改 113 座，退出 52 座，已拆除但未经县级验收销号 19 座，整改工作取得阶段性成效。

3 座抽水蓄能项目开工建设

截至 2023 年底，青海省发展和改革委员会核准批复的第一批抽水蓄能项目，即哇让（280 万 kW）、同德（240 万 kW）、南山口（240 万 kW）3 座抽水蓄能电站均已开工建设。

哇让抽水蓄能电站位于海南藏族自治州贵南县，是西北地区已核准开工项目中装机规模最大、经济指标最优抽水蓄能站点，也是保障省内电力供应的重要调节电源。截至 2023 年底，项目进厂交通洞完成土方开挖 5906m³，达总量的 100%，完成石方开挖 7000m³，达总量的 21%；通风兼安全洞完成土方开挖 15990m³，达总量的 100%，石方开挖 1971m³，达总量的 90%；洞口超前管棚导向墙施工全部完成；进场公路道路清表 9854m，达总量的 100%；路基土方开挖 76009m³，达总量的 30%；上下库连接路路基清表完成 4907m，达总量的 66%；上下库连接简易道路完成土石方开挖 14000m³，达总量的 61%。

同德抽水蓄能电站位于海南藏族自治州同德县，电站托玛尔挡水电站库区作为下水库，是全国第一个"一库两抽蓄"项目，也是青海省首批依托在建大型水电站建设的抽水蓄能项目。截至 2023 年底，下库进出水口边坡土石方开挖已全部完成，扩散段、拦污栅及贴坡混凝土累计浇筑完成 32312m³，达总量的 87.7%；尾水洞开挖支护及衬砌全部完成；上下库交通洞、下库进出水口交通洞、排水排风洞、拦污栅检修交通洞均已贯通，110kV 变电站已投运；进厂交通洞累计完成开挖 1427m，达总量的 72.4%；通风兼安全洞累计完成开挖 981m，达总量的 77.5%。

南山口抽水蓄能电站位于海西蒙古族藏族自治州格尔木市，是青海省首个在"沙戈荒"（沙漠、戈壁、荒漠）地区核准建设的抽水蓄能项目。截至 2023 年底，地勘钻孔完成 9244m；平硐工作和通风兼安全洞进尺工作已全部完成；支护工作已完成 65%；进场交通洞进尺工作已全部完成，支护工作已完成 30%；中平段施工支洞累计进尺 948m，支护工作已完成 92%。

8 个抽水蓄能项目正在开展前期勘测设计工作

龙羊峡储能（一期）项目位于海南藏族自治州共和县与贵南县交界处，装机规模 120 万 kW，工程静态投资 64.26 亿元，单位千瓦静态投资 5355 元。项目利用已建的龙羊峡水电站水库作为上水库、已建的拉西瓦水电站水库作为下水库，是青海省首个开展前期勘测设计工作的混合式抽水蓄能电站。

玛沁抽水蓄能电站位于果洛藏族自治州玛沁县，可行性研究阶段装机容量调增至 180 万 kW，工程静态投资 111.5 亿元，单位千瓦静态投资 6192 元。

德令哈抽水蓄能电站位于海西蒙古族藏族自治州德令哈市，项目总装机容量 60 万 kW，工程静态投资 47.9 亿元，单位千瓦静态投资 7977 元。

大柴旦鱼卡抽水蓄能电站位于海西蒙古族藏族自治州大柴旦镇，电站初拟装机容量 140 万 kW，考虑配套海西柴达木基地（大柴旦东基地）拟将装机容量调整为 280 万 kW，工程静态投资 196.9 亿元，单位千瓦静态投资 7034 元。

大柴旦抽水蓄能电站位于海西蒙古族藏族自治州大柴旦镇，电站初拟装机容量 140 万 kW，考虑配套海西柴达木基地（冷湖基地）拟将装机容量调整为 280 万 kW，工程静态投资 162.7 亿元，单位千瓦静态投资 5809 元。

格尔木那棱格勒抽水蓄能电站位于海西蒙古族藏族自治州格尔木市，电站初拟装机容量 60 万 kW，考虑配套海西柴达木基地（甘森基地）拟将装机容量调整为 350 万 kW，工程静态投资 206.8 亿元，单位千瓦静态投资 5908 元。

共和抽水蓄能电站位于海南藏族自治州共和县，电站初拟装机容量390万kW，拟将装机容量调整为400万kW，工程静态投资178.3亿元，单位千瓦静态投资4458元。

温泉抽水蓄能电站位于海西蒙古族藏族自治州格尔木市，电站初拟装机容量280万kW，工程静态投资180.8亿元，单位千瓦静态投资6457元。

3.3 前期管理

高质高效推进小水电清理整改和竣工验收工作

2023年3月，青海省政府办公厅印发《关于同意〈青海省小水电清理整改综合评估报告〉的函》（青政办函〔2023〕35号），提出省负总责、市州县（市、区）抓落实的工作机制，要求省直相关部门密切配合、合力推进清理整改工作，明确省水利厅、省发展和改革委员会牵头抓总，省能源局负责按照"谁批复谁验收"原则，指导督促各地完成小水电验收工作。

进一步规范抽水蓄能项目建设管理

2023年1月，为规范青海省抽水蓄能项目建设管理，青海省发展和改革委员会印发《青海省抽水蓄能项目管理办法（暂行）》（青发改能源〔2023〕3号），自2023年2月4日起施行，有效期至2025年2月3日。该管理办法从总体规划、资源调查、规划调整、实施方案、核准计划、项目配置、项目前期、项目核准、核准变更、建设要求、验收要求、改造退役、电网接入等多个方面对省内抽水蓄能项目进行管理，明确了省内抽水蓄能项目设计、核准、开工、接入、运营、调度等方面管理办法，进一步加快推进青海省抽水蓄能又好又快高质量发展。

进一步规范抽水蓄能项目招投标管理

2023年2月，为进一步规范后续青海省抽水蓄能电站项目招投标工作，保障项目顺利实施，青海省能源局制定了《青海省能源局关于进一步规范青海省抽水蓄能项目招标工作的指导意见》（青能新能〔2023〕11号），该指导意见确定了小、中、大型抽水蓄能电站确

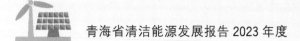

定投资主体方式，招标要求、投标要求、开标评标和定标要求，规范了青海省抽水蓄能项目配置，公平公正、科学合理引导了抽水蓄能持续健康有序发展。

3.4 投资建设

常规水电站有序建设

2023 年青海省水电投资计划 37.8 亿元，实际完成投资 63.22 亿元，完成计划投资的 167%。其中，李家峡水电站扩机项目完成投资 1.4 亿元、玛尔挡水电站完成投资 32.3 亿元、羊曲水电站完成投资 23.1 亿元。工程投资进展情况如下。

（1）李家峡水电站扩机项目（40 万 kW）：李家峡水电站于 1988 年 4 月正式开工，1 号、2 号机组分别于 1997 年 2 月、12 月正式并网发电，3 号机组于 1998 年 6 月正式并网发电，4 号机组于 1999 年 11 月投产发电。扩机项目于 2022 年 3 月 1 日开工，2023 年 10 月 10 日正式投产发电，年内新增投资 1.4 亿元，累计完成投资 2.28 亿元。

（2）玛尔挡水电站：位于果洛藏族自治州玛沁县，2016 年 6 月取得项目核准，电站总装机容量 220 万 kW（拟增容至 232 万 kW）。2010 年 10 月开始筹建，2013 年 11 月截流，主体工程开工建设，2023 年 11 月 14 日下闸蓄水。截至 2023 年底，已完成大坝填筑及一期、二期面板浇筑工程，项目蓄水至 3185m，工程形象进度满足 2024 年投运目标，年内新增投资 32.3 亿元，累计完成投资 169.79 亿元。

（3）羊曲水电站：位于海南藏族自治州兴海县与贵南县交界处，2021 年 11 月，国家发展和改革委员会核准继续建设羊曲水电站，电站总装机容量 120 万 kW。2010 年 2 月开始前期工程施工，2015 年 12 月导流洞具备过水条件，2016 年 10 月工程停工，2021 年 11 月 29 日取得项目核准，12 月 26 日开工，12 月 28 日实现主河床截流，截至 2023 年底，羊曲水电站坝体浇筑完成，工程形象进度满足 2024 年投运目标，年内新增投资 23.1 亿元，累计完成投资 130.03 亿元。

3 座在建抽水蓄能项目推进迅速

截至 2023 年底，青海省 3 座抽水蓄能项目开工建设，项目总投资 500 亿元，完成投资

6.4 亿元。其中，哇让抽水蓄能电站项目于 2023 年 12 月正式开工建设，总投资 159.38 亿元，完成投资 3.5 亿元；同德抽水蓄能电站项目于 2023 年上半年前期工程开工，总投资 170.34 亿元，完成投资 2.9 亿元；南山口抽水蓄能电站项目于 2023 年 8 月开工建设，总投资 170.94 亿元，完成投资暂未入库。

3.5 运行监测

常规水电装机规模显著增长

随着李家峡扩机项目投产，青海省水电装机容量突破 1300 万 kW 大关，增长至 1305 万 kW，占全部电源装机容量的 23.7%（见图 3.3）。

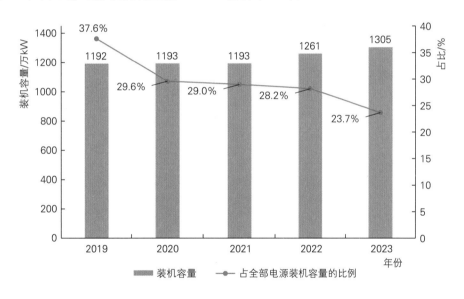

图 3.3 2019—2023 年常规水电装机容量变化对比

常规水电年发电量连续三年降低

2023 年，青海省常规水电年发电量 398 亿 kW·h，约占全省总发电量的 39.5%（见图 3.4），依然是省内第一大发电量主体。受黄河来水偏枯影响，2023 年常规水电年平均利用小时数 3131h，常规水电年发电量和年利用小时数分别同比降低 6.79%、7.5%，已连续三年降低。

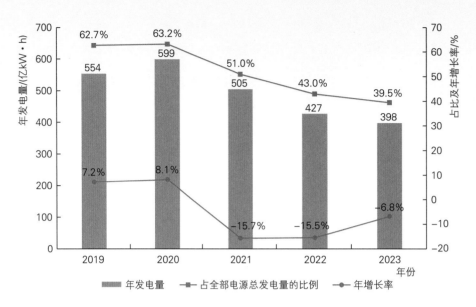

图 3.4   2019—2023 年常规水电发电量及增长率变化对比

3.6   技术进步

李家峡扩机项目采用新型国产冷却工质的蒸发冷却方案

随着电力领域的不断发展，对机组的安全及性能要求越来越高。李家峡扩机项目采用了新型国产冷却工质的蒸发冷却方案，不需要使用任何液体冷却剂，不存在漏液等安全隐患，安全性更高；相比于其他方式进行机组散热，效果更明显；将进一步提高电站的调峰调频能力。

玛尔挡水电站采用了冬季施工等三项创新技术

玛尔挡水电站地处高原高寒高海拔地区，采用了暖棚法、伴热带加热及棉被覆盖保温措施，将原设计的 4 个月冬歇期转化为施工期，有效提升了冬季混凝土施工质量和进度；狭窄河谷上的 200m 级特高面板坝采用胶凝砂砾石填筑的关键技术和大坝填筑智能碾压施工工艺，有效提升了坝体填筑速度，碾压一次达标率为 100%，大坝智能碾压技术创新实时监测振动碾轨迹、控制碾压遍数，实现碾压前、中、后的智能分析与反馈控制，保证大坝填筑过程中的碾压合格率。

羊曲水电站工程首创采用镶嵌混凝土组合坝结构

镶嵌混凝土面板堆石坝由混凝土面板堆石坝和嵌入坝趾面板底部的混凝土坝两部分组成，和常规面板坝相比，镶嵌混凝土面板堆石坝在坝体上游底部设置混凝土坝，减小了面板长度，代替了河床趾板及部分堆石体。 这样的坝型组合更安全，工程量相对较小，造价低，结构合理，运用方便，利于施工，方便维修，为我国以后的300m级高面板堆石坝工程施工提供了可借鉴的理论支持与实践经验。

水电定位发生改变，未来将更多发挥调峰、储能作用

我国常规水电装机容量占比大，常规水电由传统的"电量供应为主"逐步向"电量供应与灵活调节并重"过渡。 水电作为青海省关键调峰支撑电源，未来将更多发挥调峰、储能的关键作用。 一方面，根据新能源日内出力特性，水电可进行日内调峰运行以提升新能源消纳程度，对于调节性能优越的水电站，可实现年内互补运行。 随着新能源大规模并网，青海电力系统更依赖水电发挥灵活调节、电力保障功能，水电将在"容量和电量并重"、服务新能源消纳等方面发挥至关重要的作用。 另一方面，对于调节库容较大的梯级水电，进一步结合原有建设条件，进行抽水蓄能电站建设，"水风光储"多品类电源协同调度运行，实现清洁能源大发展，助力碳达峰碳中和目标实现。

大型抽水蓄能电站获得"国产大脑"，多项技术填补国内空白，我国能源产业链供应链安全性稳步提升

2023年，由计算机监控、调速、励磁、继电保护这四大系统组成，被誉为电站的"大脑"的抽水蓄能机组核心控制系统成功实现了全面国产化，经应用检验，新系统完全满足机组运行需求，多个方面性能优于进口设备，有力提高了我国能源产业链供应链的安全性，可推广应用于青海省大型抽水蓄能项目建设中。

3.7 发展趋势及特点

常规水电装机容量两连涨

近年来，青海省黄河上游水电开发潜力挖掘工作持续推进，拉西瓦水电扩机、李家峡水电扩机项目接连投产发电，2022 年常规水电装机容量新增 68 万 kW，2023 年新增 43 万 kW，"十四五"期间玛尔挡水电站、羊曲水电站也将陆续并网发电，新增投产规模 352 万 kW，预计 2025 年水电装机容量达到 1656 万 kW。 除此之外，结合新能源大发展形势下水电开发新格局，黄河上游龙羊峡以上河段规划有宁木特、尔多、茨哈峡等水电站，青海省常规水电发展未来可期。

常规水电发电量近三年持续降低

受黄河上游来水偏丰影响，2020 年青海省常规水电年发电量接近 600 亿 kW·h，随后三年水电年发电量和年平均利用小时数指标持续走低，相较 2020 年，2021 年、2022 年、2023 年三年水电年发电量分别减少 94 亿 kW·h、172 亿 kW·h、201 亿 kW·h，应予以关注。

小水电清理整改工作扎实推进

小水电站在解决农村用电、助力脱贫攻坚、优化能源结构、促进地方经济社会发展方面发挥了重要作用，同时，也存在影响生态环境、造成水土流失等问题。 为促进河流生态建设，青海省加强小水电建设管理，按照"应退尽退、应改尽改"要求，召开联席会议，建立问题台账和整改销号制度，加快推进问题整治，统筹推进标本兼治，力争 2024 年全面完成小水电清理整改目标任务。

抽水蓄能健康有序发展

第一批核准的抽水蓄能电站均已开工建设，另有 8 座抽水蓄能电站开展前期工作。 同时，结合青海省电力系统和"沙戈荒"基地外送需求，开展了抽水蓄能发展需求规模论证，对青海省已纳规项目开展全面评估，统筹在建和已纳规项目，区分抽水蓄能为本省服务、为区域电网服务以及为特定电源服务的不同功能定位，组织开展站址比选、布局优化和项目纳规工作，根据青海省实际情况，按照"框定总量、提高质量、优中选优、有进有出、动态调整"的原则，提出项目调整建议，落实项目计划核准年度，实现青海省抽水蓄能电站发展论证清晰、工作够深、需求明确。

3.8 发展建议

全面推进黄河上游龙羊峡以上河段水能资源开发利用

青海省水能资源丰富,且主要集中于黄河流域。目前水电开发稳步向好,但仍有余量,黄河干流龙羊峡及以下河段水能资源已基本得到利用,龙羊峡以上河段除已建、在建梯级水电站外,茨哈峡、尔多、宁木特水电站仍亟待开发,项目开发将对青海省整体水能资源梯级利用及合理调蓄起到关键作用。鉴于茨哈峡、尔多水电站调节能力强、作用效益明显,建议通过技术方案调整专题论证方式解决茨哈峡、尔多水电规划符合性问题,力争茨哈峡、尔多水电站于"十五五"初具备核准条件。

持续加强小水电清理整改工作,确保"一江清水向东流"

持续加强小水电清理整改工作,做好电站信息收集、评估分类、"一站一策"整改方案编制、电站退出、电站整改、验收销号,同时,加强河道内生态流量管理、生态修复落实、生态流量监管平台建设运行等,保障河流生态用水需求,完善增殖放流等措施,加强生物多样性保护。

持续做好抽水蓄能需求规模论证

抽水蓄能是电力系统重要的绿色低碳清洁灵活调节电源,合理规划建设抽水蓄能电站,可为新能源大规模接入电力系统安全稳定运行提供有效支撑,对构建新型电力系统、促进能源绿色低碳转型、建设国家清洁能源产业高地意义重大。建议按照国家能源局"沙戈荒"基地配套抽水蓄能项目可随基地实施方案单独上报、批复实施的要求,结合已核准开工的三座抽水蓄能电站,系统梳理服务省内电力系统需求的抽水蓄能规模和纳入"沙戈荒"基地配套抽水蓄能规模,抓紧开展抽水蓄能发展需求论证,有序开展新增项目纳规工作。

促进中小型抽水蓄能电站开发建设

考虑大、中、小型抽水蓄能电站不同的作用和定位,以及中小型抽水蓄能电站建设周期短、运行灵活、启动速度快、更容易在负荷中心布局的特点，应进一步做好青海省中小型抽水蓄能资源普查及规划建设工作，促进中小型抽水蓄能健康有序发展。

积极开展协同运行技术和运行方式策略研究

青海省清洁能源资源丰富，大型水电站具有较好的调峰支撑能力，建议统筹考虑水电及周边新能源资源禀赋，推进"水风光储"整合开发，通过一体化、规模化开发实现优势互补，提高可再生能源消纳和存储能力。 建议开展高海拔高寒地区多元储能协同发展、风光制氢、储能成本疏导机制、"沙戈荒"大型风电光伏基地电网频率稳定性分析、柔性直流输电通道及配套电源基地关键技术、中小抽水蓄能机组灵活调节运行策略等课题研究，创建零碳新能源产业园、源网荷储、变速恒频抽水蓄能机组应用等相关能源新型应用试点，推动青海省海西、海南大型水风光储基地建设，实现一体化资源配置、规划建设、调度运行和消纳，以提高清洁能源综合开发经济性和通道利用率，加快国家清洁能源产业高地建设步伐。

4

太阳能发电

4.1 资源概况

太阳能资源丰富，地域分布呈现西北高、东南低的特点，2023 年属于偏小年景

青海省太阳能资源十分丰富，太阳能年水平面总辐照量为 5300～7400MJ/㎡，年日照时数为 1900～3600h，是全国高值地区之一，年总辐射量居全国第 2 位，太阳能技术可开发量达 35 亿 kW。 空间分布而言，青海省年水平面总辐照值由西北向东南逐渐递减，年水平面总辐照高值区位于海西蒙古族藏族自治州西北部，主要分布在茫崖、大柴旦、格尔木北部和德令哈西部等地区，太阳能年水平面总辐照量在 6300MJ/㎡ 以上，年日照时数在 2750h 以上，属于"最丰富"等级。 其余大部分地区年水平面总辐照量为 5300～6300MJ/㎡，太阳能资源属于"很丰富"等级。 资源相对低值区为互助县、平安区等地区，太阳能年水平面总辐照量在 5300MJ/㎡ 以下，年日照时数在 2400h 左右。

根据中国气象局风能太阳能中心发布的《2023 年中国风能太阳能资源年景公报》，2023 年全国平均年水平面总辐照量为 5386.0MJ/㎡，平均年最佳斜面总辐照量为 6265.4MJ/㎡，较近 10 年（2013—2022 年）平均值分别偏小 68.4MJ/㎡ 和 108.72MJ/㎡，较 2022 年分别偏小 242.3MJ/㎡ 和 271.4MJ/㎡。 2023 年全国平均的固定式光伏电站首年利用小时数为 1392.3h，较近 30 年平均值偏少 29.0h，较近 10 年平均值偏少 24.2h，较 2022 年偏少 60.3h。

2023 年青海省水平面总辐照量平均值为 6166.1MJ/㎡（见图 4.1），仅次于西藏自治区，居全国第 2 位；固定式光伏发电最佳斜面总辐照量平均值为 7258.0MJ/㎡，居全国第 1 位。 年际变化而言，2023 年青海省水平面总辐照量较近 10 年平均值减少 107.7MJ/㎡，降幅为 1.7%；较 2022 年减少 123.8MJ/㎡，同比下降 2.0%。 整体而言，青海省太阳能资源十分丰富，2023 年年景较常年偏小。

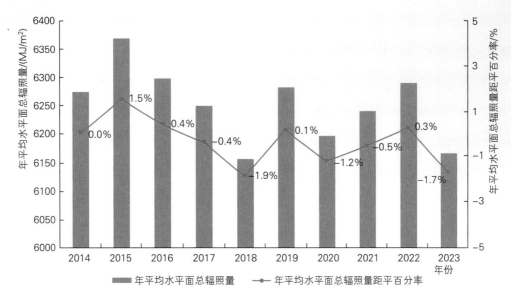

图 4.1 青海省平均年水平面总辐照量年际变化

4.2 发展现状

装机规模持续增长

2023 年，由于国家第一批大型风电光伏基地并网要求和光伏组件价格下降，青海省太阳能发电新增装机容量为 719 万 kW（见图 4.2），同比增长 39.0%，较 2022 年上升 26 个百分点，主要分布于海南藏族自治州和海西蒙古族藏族自治州。

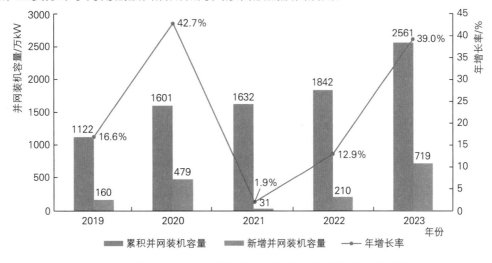

图 4.2 2019—2023 年青海省太阳能发电装机容量变化趋势

截至 2023 年底，青海省太阳能发电累计装机容量达 2561 万 kW（见图 4.2），占全省总并网电力总装机电源容量的 47.0%，较 2022 年增长 5.8 个百分点，是省内第一大电源。其中，光伏电站累计装机容量 2540 万 kW，较 2022 年增长 719 万 kW；光热电站累计装机容量 21 万 kW，与 2022 年持平。 太阳能发电累计总装机容量居全国第 8 位，集中式光伏装机容量居全国第 3 位，两项指标较 2022 年均下降 1 位。

　　分市（州）看，青海省太阳能发电累计装机容量由多到少依次为海南藏族自治州、海西蒙古族藏族自治州、海东市、海北藏族自治州、西宁市、黄南藏族自治州、果洛藏族自治州、玉树藏族自治州（见图 4.3）。 太阳能发电装机项目主要集中在海南藏族自治州和海西蒙古族藏族自治州，2023 年底累计装机容量分别为 1357 万 kW 和 1009 万 kW，分别占全省太阳能发电总装机容量总容量的 53.0% 和 39.4%。 从新增装机来看，海南藏族自治州新增装机容量 374 万 kW，海西蒙古族藏族自治州新增装机容量 292 万 kW，海东市新增装机容量 27 万 kW，海北藏族自治州新增装机容量 25 万 kW，黄南藏族自治州和果洛藏族自治州无新增装机容量，新增装机主要集中于海南藏族自治州和海西蒙古族藏族自治州。

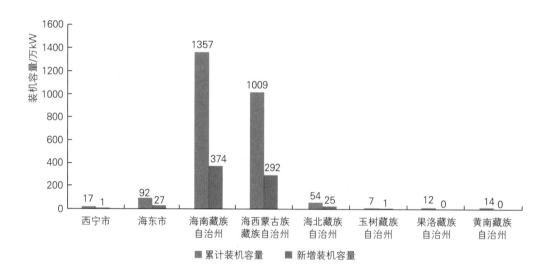

图 4.3　2023 年青海省各市（州）太阳能发电装机容量

　　开发企业以中央企业为主。 截至 2023 年底，在青海省累计太阳能装机容量排名前 5 位的企业分别是国家电力投资集团有限公司、国家能源投资集团有限责任公司、中国长江三峡集团有限公司、中国华能集团有限公司、中国绿发投资集团有限公司，太阳能发电累计装机总容量达到 1806 万 kW（见图 4.4），占青海省累计装机容量的 70% 以上。 从新增太阳能装机容量看，中国长江三峡集团有限公司新增太阳能装机最多，达 190 万 kW，其次是国家能源投资集团有限责任公司和中国华能集团有限公司，分别为 161 万 kW 和 90 万 kW。

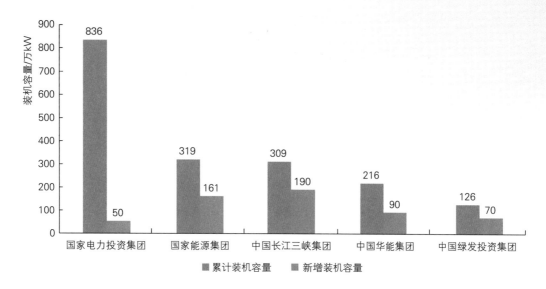

图 4.4　2023 年青海省太阳能发电累计装机容量前 5 位的开发企业

发电量稳步增长

近年来，青海省太阳能年发电量占全部电源总发电量比例稳步增长（见图 4.5）。2023 年青海省太阳能发电年发电量达到 290 亿 kW·h，同比增长 13.3%，占全部电源总发电量的 28.8%，较 2022 年增长 3 个百分点。 其中，光伏发电年发电量 286 亿 kW·h，同比增长 13.5%，占全部电源年总发电量的 28.4%，较 2022 年提高 3 个百分点；光热发电年

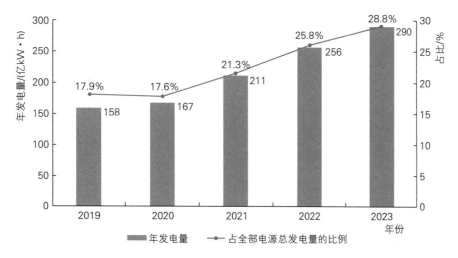

图 4.5　2019—2023 年青海省太阳能年发电量变化趋势

发电量 4.0 亿 kW·h，同比增长 11.1%，占全部电源年总发电量的 0.4%。

分市（州）看，太阳能发电量由多到少依次为海南藏族自治州、海西蒙古族藏族自治州、黄南藏族自治州、海东市、海北藏族自治州、西宁市、果洛藏族自治州、玉树藏族自治州（见图 4.6）。 太阳能发电量主要集中在海南藏族自治州和海西蒙古族藏族自治州，两州发电量分别为 154 亿 kW·h 和 113 亿 kW·h，分别占全省太阳能总发电量的 53.1% 和 39.0%，合计达到 92%。 其中海南藏族自治州太阳能发电量较 2022 年增长 6.7%，海西蒙古族藏族自治州太阳能发电量较 2022 年增长 22.5%。（见图 4.6）

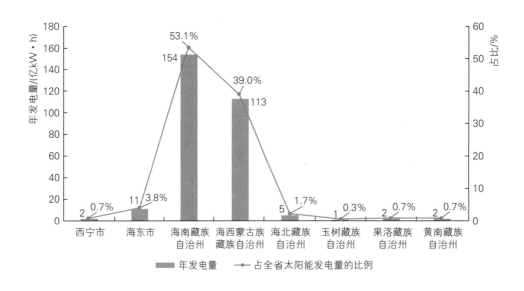

图 4.6 2023 年青海省各市（州）太阳能发电量及占比

4.3 前期管理

推动光热发电项目规模化发展

2023 年 7 月，青海省能源局、国家能源局西北监管局、青海省发展和改革委员会、青海省自然资源厅和青海省林业和草原局联合印发《关于推动"十四五"光热发电项目规模化发展的通知》（青能新能〔2023〕57 号），从强化规范引领、开展竞争配置、加强要素保障、加大电价支持、鼓励参与市场、加强项目管理、科学调度运营、发挥生态效益等方面提出指导要求，切实推动青海省光热发电项目建设，更好发挥光热发电项目在能源保供增供和电力系统灵活调峰方面的作用。

可再生能源电力消纳稳步推进

2023年11月，青海省能源局印发《青海省2023年可再生能源电力消纳保障实施方案》（青能电力〔2023〕109号），从工作目标、消纳保障实施机制、市场主体消纳责任权重分配、市场主体管理机制、消纳责任权重履行等方面对可再生能源电力消纳保障提出要求。全面落实完成国家下达的青海省2023年可再生能源电力总量消纳责任权重70.0%、非水电可再生能源电力消纳责任权重27.2%的目标任务，明确2023年全省风电、光伏利用率均达到90％以上。

加强新能源发电建设用地保障

2023年12月，青海省自然资源厅、青海省林业和草原局和青海省能源局印发《支持新能源发电、抽水蓄能及电网建设用地的若干措施的通知》（青自然资〔2023〕487号），从加强规划引领，优化项目布局；强化要素保障，规范用地管理；坚持节约集约，优化土地供应；实行并联办理，提升服务效能；加强部门联动，强化用地监管五个方面制定支持光伏、光热、风力发电、抽水蓄能及电网建设用地相关措施，切实做好自然资源要素支撑保障工作。

深入推进电力市场建设，健全中长期和现货市场体系

2023年12月，青海省能源局印发《青海省能源局关于开展2024年电力市场交易有关事项的通知》（青能运行〔2023〕134号），提出中长期交易占比最低要求、分时段交易规则、分时电价规则等，鼓励电力用户参与省内绿色电力交易。截至2023年底，青海电力现货市场已开展3次模拟试运行和1次调电试运行，全面检验市场交易规则和技术支持系统，积极稳妥推进青海电力现货市场建设。

4.4 投资建设

年度投资规模略有下降

2023年青海省太阳能发电完成总投资规模约217.5亿元，其中光伏完成投资

207.5 亿元，光热完成投资 10.0 亿元。 太阳能发电完成投资占清洁能源总投资的 60.1%，占能源领域投资的 40.7%，位居各品类能源投资之首。 受光伏组件价格下降影响，2023 年实际投资较计划投资减少 57.4 亿元，较 2022 年实际投资减少 37.1 亿元，降幅为 14.6%。

投资以大型央企为主

分企业来看，2023 年投资仍以大型央企为主（见图 4.7），太阳能发电投资由大到小依次为国家能源投资集团青海电力有限公司、国家电力投资集团黄河上游水电开发有限责任公司、中国长江三峡集团有限公司青海分公司、中电建新能源集团青海分公司、中国华电集团有限公司青海分公司，占全省太阳能发电投资比例分别为 25.0%、15.8%、13.8%、10.3% 和 8.9%，合计总投资占比达 73.8%。

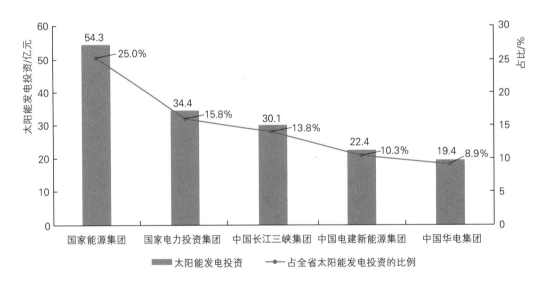

图 4.7　2023 年青海省太阳能发电投资排名前 5 位的开发企业

光伏单位千瓦投资降幅明显

我国地面光伏系统的初始全投资主要由光伏组件、逆变器、支架、电缆、一次设备、二次设备等关键设备成本，以及土地、电网接入、建筑安装、管理费用等部分构成。 光伏组件、逆变器等关键设备成本随着技术进步和规模化效益，仍有一定下降空间。

2023 年，我国地面光伏系统的初始全投资成本为 3.4 元/W 左右，其中组件约占投资成本的 38.8%，非技术成本约占 16.5%（不包含融资成本）。 从占比来看，2023 年的非技术成本在全系统成本中的占比较 2022 年的 13.56% 有所提升，主要原因是 2023 年组件成本有较大幅度下降，导致 2023 年非技术成本占比上升，但从成本数据本身来看，2023 年的非技术成本与 2022 年保持一致，为 0.56 元/W。预计 2024 年，随着组件效率稳步提升，整体系统造价将稳步降低，光伏系统初始全投资成本可下降至 3.16 元/W 左右。

青海省 2023 年光伏电站初始投资成本降幅明显，约 3.25 元/W。从投资构成看，光伏组件投资约 1.35 元/W，占比 41.5%（见图 4.8），是最主要的构成部分。光伏电站非技术成本（接网、土地、项目前期开发管理费用）约占 12%，主要得益于省内土地开发建设成本较低。

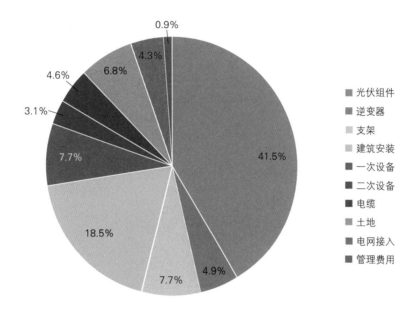

图 4.8　2023 年青海省光伏发电项目单位千瓦建设投资构成

4.5　运行消纳

年利用小时数维持较高水平

随着西宁地区大工业负荷增长快速、骨干电网建设不断增强，青海省太阳能发电年平均利用小时数维持较高水平。2023 年青海省太阳能发电年利用小时数达 1430h，较近 3 年平均增加 36h，较 2022 年减少 67h，同比降低 4.5%（见图 4.9）。其中，光伏发电年平均利用小时数为 1425h，同比降低 4.7%；光热发电年平均利用小时数 1931h，同比增长 11.9%。

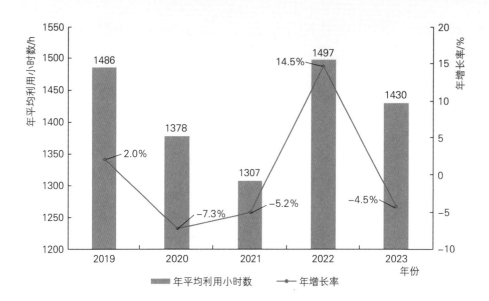

图 4.9　2019—2023 年青海省太阳能发电年平均利用小时数对比

　　分市（州）看，太阳能发电年平均利用小时数由多到少依次为海北藏族自治州、海南藏族自治州、黄南藏族自治州、海东市、海西蒙古族藏族自治州、西宁市、玉树藏族自治州、果洛藏族自治州，其中高于全省平均值的市（州）为海北藏族自治州、海南藏族自治州、黄南藏族自治州，其余市（州）均低于全省平均值（见图 4.10）。 果洛藏族自治州年平均利用小时数为 1313h，低于全省平均值 7.9%，应予以关注。

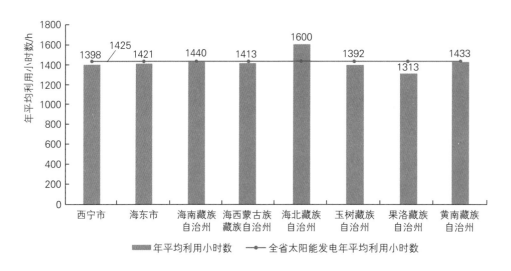

图 4.10　青海省各市（州）太阳能发电年平均利用小时数

电力消纳仍面临较大压力

青海省 2023 年弃光电量为 26.8 亿 kW·h，较 2022 年增加了 2.1 亿 kW·h，同比增加 8.3%；全年光伏发电利用率 91.4%，保持在 90% 以上（见图 4.11）。但从全国范围看，全省弃光电量仍较为严重，光伏消纳面临较大压力。

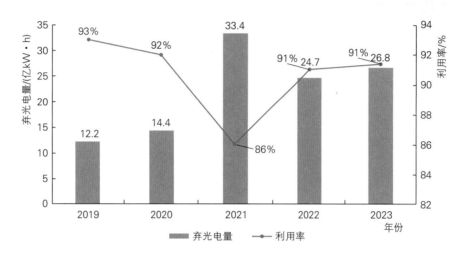

图 4.11　2019—2023 年青海省弃光电量和光伏发电利用率变化趋势

4.6　光伏产业

2023 年，青海省坚持以打造国家清洁能源产业高地为指引，坚持上下游协同发展思路，充分发挥资源优势，着力培育以新能源、新材料为主体的产业集群，不断做大、做强绿色产业链，推进光伏产业发展、促进工业转型升级、加快形成新质生产力。

光伏制造产业格局形成，光伏产能快速扩张

2023 年全省太阳能制造企业达 30 余家，已构建起"工业硅-多晶硅-单晶硅-硅片-电池-组件"完整的光伏制造产业链。从产量来看，全省多晶硅产量 17.3 万 t、单晶硅产量 17.6 万 t、太阳能电池产量 36.5 万 kW，分别较 2022 年增加 176.6%、131.1%、37.6%，逆变器、铝边框、支架等配套产品实现规模化生产。从产能来看，全省已建晶硅切片产能 5.8GW、电池片产能 6.1GW、组件产能 6.8GW，产能快速扩张。

民营企业成为清洁能源产业"生力军"

青海省坚持以企业发展作为打造国家清洁能源产业高地的载体，建立全链条项目管理体系，强化要素服务保障，持续优化营商环境，产业发展着力延链补链强链，民企成为产业"生力军"，全国排名前 10 位的光伏制造企业有 5 家在青海省投资建设。丽豪半导体材料有限公司实现新增投产 10 万 t 高纯多晶硅，高晶太阳能有限公司实现新增投产 30GW 直拉单晶，天合光能有限公司实现新增投产 5GW 单晶硅切片和 5GW 单晶硅组件产能。

光伏科技创新实践稳步推进

引导支持企业加大技术创新投入，开展关键核心技术攻关。高效 IBC 组件产品获国际环境产品声明 EPD 认证证书，IBC 电池转换效率已超 25%，组件产品质量获得国际认可，产品连续两年荣登国际权威太阳能专业认证机构——PVEL"最佳表现"榜；TBC 电池研发效率提升至 25.65%，持续保持世界领先水平。天合光能青海基地年产 5GW 210＋N 型 i－TOPCon 高效太阳能电池成功下线，表明天合光能青海基地拉晶和切片的工艺水平、光伏组件的生产能力均达到了量产化标准。

4.7 发展趋势及特点

太阳能发电装机增幅达历史之最，装机占比稳居首位

青海省太阳能资源丰富，土地条件好，太阳能发电装机增速自 2021 年以来持续升高，装机占比再创历史新高，连续四年成为青海省第一大电源。太阳能发电装机容量快速增长，由 2019 年的 1122 万 kW 增长至 2023 年的 2561 万 kW，近五年增长近 1.3 倍，年均增长率为 22.6%，2023 年增长率远高于年均增长率，达 39.0%。装机占比由 2019 年的 35.4% 增长至 2023 年的 47.0%，五年间增加 11.6 个百分点。

太阳能发电量和占比稳步增长

随着太阳能装机容量的增长，青海省太阳能全年发电量由 2019 年的 158 亿 kW·h 增

长至 2023 年的 290 亿 kW·h,五年间翻了近一番,年均增长率为 17.5%。 发电量占比由 2019 年的 17.9% 增长至 2023 年的 28.8%,五年间增加 10.9 个百分点,连续六年成为青海省第二大发电量主体。

光热发电量及利用率逐步提高

随着光热电站设备改造技术提升和运行方式持续优化,2023 年青海省光热电站全年发电量达 4.0 亿 kW·h,年平均利用小时数达 1931h,较 2022 年分别增加 0.4 亿 kW·h 和 206h,光热电站发电量和利用率均逐步提高。

全省消纳形势维持稳定,各市(州)消纳不均衡

2023 年青海省太阳能发电年平均利用小时数为 1430h,较 2022 年略有下降,但较近三年平均值略有增加。 从全国范围看,青海省弃光仍较为严重,消纳利用率有待提高。 从省内看,各市(州)太阳能发电平均利用小时数不均衡,最大差值达 287h,其中果洛藏族自治州平均利用小时数较低,低于全省平均值 7.9%。

光伏产业高度集中,产能快速扩张

在打造国家清洁能源产业高地重要目标指引下,青海省光伏产业制造链不断完善,"光伏一条街"成为青海省经济发展的"新势力"。 2023 年青海省多晶硅、单晶硅、晶硅切片以及组件产能均呈现快速扩张的发展态势,分别新增 10GW、19GW、5GW 和 6GW 产能。多晶硅企业主要为亚洲硅业和丽豪半导体等公司,单晶硅企业主要为天合光能、晶科能源、阿特斯、高景等公司,电池片及组件企业主要为天合光能、黄河水电西宁太阳能电力有限公司。 龙头企业多分布于西宁经济技术开发区南川、东川和甘河工业园区。

4.8　发展建议

开展新能源资源普查,提前布局产业发展规划

依托青海省"水丰光富风好地广"的能源资源禀赋,积极推动全省新能源资源普查工

作，摸清资源家底，厘清规划布局，查清发电特性，全面掌握青海省新能源资源储量、分布及开发利用情况。 同步推动建立青海省新能源资源信息化平台，实现全省已建、在建、规划新能源电站信息化管理，推进新能源资源科学规划、合理布局、有序开发、规模利用，引导电网规划做好基础保障，为青海省清洁能源合理有序发展提供支持。

推动清洁能源与生态环境协同发展

立足青海省"三个最大"省情定位和"三个更加重要"战略地位，因地制宜开展太阳能开发利用气候影响评价及生态效应评价工作，建立太阳能对生态环境影响的评价指标和评价体系，制定太阳能发电与生态协同发展机制路线。 竞争配置一批以太阳能发电与沙漠、戈壁、荒漠化土地、盐碱地等生态修复治理相结合的太阳能发电基地，打造"光伏发电＋生态修复"绿色引领的新能源生态修复发展模式，持续推动能源建设和环境治理融合发展，助力高地建设。

持续推进光热、分布式光伏和"新能源＋"开发模式

深入贯彻落实国家关于推进光热发电规模化、产业化发展的要求，结合《关于推动"十四五"光热发电项目规模化发展的通知》，积极谋划实施一批光热一体化项目，推进光热发电规模化布局，缓解电源结构错配问题。 积极推进分布式光伏开发，促进交通与分布式新能源融合发展，推进青海高速公路清洁能源一体化项目。 推广"新能源＋"模式，结合采煤沉陷区综合治理，推进采煤沉陷区光伏项目建设。

积极推进源网荷储一体化示范项目

以《青海省电力源网荷储一体化项目管理办法（试行）》为导向，坚持"方案设计一体化、论证评估一体化、建设运营一体化、并网接入一体化"原则，支持新能源制造业龙头企业落户青海，积极促进一批源网荷储一体化项目落地实施。 加快布局绿色算力产业园，推动风电、光伏、储能等多能源协同发展，加强绿电供给，促进绿色电力向绿色算力转化，打造立足西部服务全国的青海绿色算力基地。

加快推进海南、海西"沙戈荒"大型风电光伏基地建设

坚持"三位一体"统筹推进大型风电光伏基地建设，优化完善海南州戈壁基地配套电

源方案，积极衔接受端省份，加快推进通道预可研、可研工作。 持续优化海西柴达木沙漠基地整体规划，加快推进柴达木沙漠基地（格尔木东）实施方案批复工作，协调建立青桂两省（自治区）、国家电网、南方电网工作专班，加快项目前期工作，确保通道顺利推进，积极落实国家重大能源战略布局，推动清洁能源资源跨区域优化配置。

加快推进国家三批大型风电光伏基地建设

青海省第一批国家大型风电光伏基地规模 1090 万 kW、第二批 700 万 kW、第三批 553 万 kW，总规模 2343 万 kW，占比全国 10％以上。 按照国家能源局要求，第一批大基地 2023 年全容量并网，第二、三批 2024 年全容量并网，建议加强统筹管理，研究出台清洁能源项目管理机制，夯实要素保障，加快储能调峰措施建设，加强重大清洁能源项目全过程管理，以重点项目高水平建设推动国家清洁能源产业高地高质量发展。

鼓励技术创新，提升光伏产业高质量发展

依托能源央企组建技术平台，围绕支持青海光伏产业科技创新，重点研究光热发电、N 型太阳能电池降本增效措施，加快推动钙钛矿电池等重大工程示范应用，探索"构网型"技术在青海地区新型电力系统中的适应性。 同时，以应用市场为牵引，以项目配套为抓手，积极引进龙头光伏装备制造企业来青发展，加大科技创新，推动产业融合发展。 统筹考虑光伏组件"退役潮"，持续加强组件回收技术研究和商业模式研究，提高组件综合回收效率，尽早实现组件回收产业化布局。

建立市（州）消纳预警，规范有序发展

为有效推进青海省新能源规范有序开展，缓解各市（州）太阳能消纳水平不均问题，合理引导企业投资，避免因消纳送出原因导致大规模弃电。 建议开展全省各市（州）新能源消纳能力评估测算研究，以红、橙、黄、绿四种颜色标识，对各市（州）新能源消纳形势由劣到优进行逐级分类，形成全省以市（州）为单位的新能源消纳预警等级分类结果。

5

风力发电

5.1 资源概况

风能资源丰富，地域分布呈现西高东低的特性，2023年景较常年偏大。

青海省风能分布较为集中，全省大部分地区70m高度年平均风速在5.5m/s以上。空间分布而言，青海省风能资源总体为西高东低，风能资源丰富区域主要分布在海西蒙古族藏族自治州西部及北部、玉树藏族自治州西部和海南藏族自治州西北部，平均风速在6.5m/s以上；风能资源较丰富区域位于海西蒙古族藏族自治州中部、果洛藏族自治州西北部、玉树藏族自治州西部、海北藏族自治州西部和海南藏族自治州西部，平均风速在5.5～7.0m/s之间；海南藏族自治州东部、海北藏族自治州、玉树藏族自治州东南部和果洛藏族自治州东部等区域平均风速在3.0～5.0m/s之间。

根据中国气象局风能太阳能中心发布的《2023年中国风能太阳能资源年景公报》，2023年全国70m高度年平均风速约5.4m/s，年平均风功率密度约193.5W/m²，与近10年（2013—2022年）相比为正常年景。

2023年青海省70m高度年平均风速约5.8m/s，年平均风功率密度约198.7W/m²，属

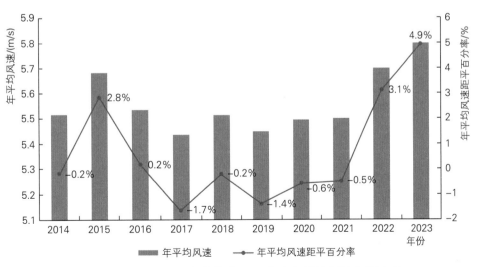

图5.1 2014—2023年青海省70m高度年平均风速年际变化

于全国平均风速和平均风功率密度中等偏上的省（自治区、直辖市），居全国第 7 位。 年际变化而言，2023 年青海省 70m 高度年平均风速较近 10 年平均值增大 0.3m/s，增幅为 4.9%；较 2022 年增加 0.1m/s，同比增加 1.8%（见图 5.1）。 整体而言，青海省风能资源丰富，2023 年年景较常年偏大。

5.2 发展现状

装机规模大幅增长

2023 年，青海省风电新增并网装机容量为 214 万 kW，同比增长 22.0%，较 2022 年增长 13.6 个百分点，集中分布于海西蒙古族藏族自治州和海南藏族自治州（见图 5.2）。 截至 2023 年底，青海省风电累计并网装机容量为 1185 万 kW，占全省总并网电源容量的 21.8%，较 2022 年基本持平，是省内第三大电源。

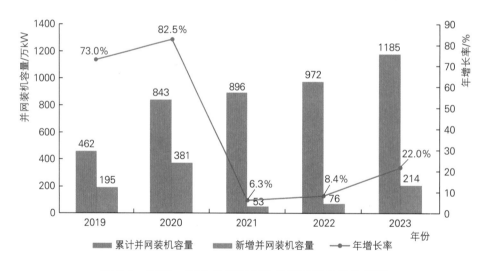

图 5.2 2019—2023 年青海省风电装机容量变化趋势

分市（州）看，由于海西蒙古族藏族自治州西部至中部一带、海南藏族自治州共和盆地的地形相对平坦、电网网架结构相对成熟，属于青海省风电开发的主战场。 截至 2023 年底，海西蒙古族藏族自治州和海南藏族自治州风电累计并网装机容量分别为 684 万 kW、466 万 kW，分别占全省风电总装机的 57.7%、39.3%（见图 5.3），合计达 93%。 2023 年，海西蒙古族藏族自治州、海南藏族自治州风电新增并网装机容量分别为 188 万 kW、26 万 kW，其余市（州）均没有新增装机。

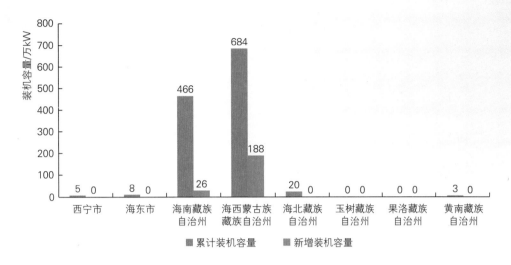

图 5.3   2023 年青海省各市（州）风电装机容量

分企业看，青海省风电项目开发企业以大型央企为主。 截至 2023 年底，青海省风电累计装机容量排名前 5 位的企业依次为国家电力投资集团有限公司、中国绿发投资集团有限公司、中国广核集团有限公司、中国华电集团有限公司、中国长江三峡集团有限公司，风电累计装机总容量达到 773 万 kW，累计装机容量占青海省累计装机容量的 61%（见图 5.4）。 从新增风电装机容量看，中国绿发投资集团有限公司、中国广核集团有限公司和中国华电集团有限公司新增风电装机容量最大，均为 50 万 kW。

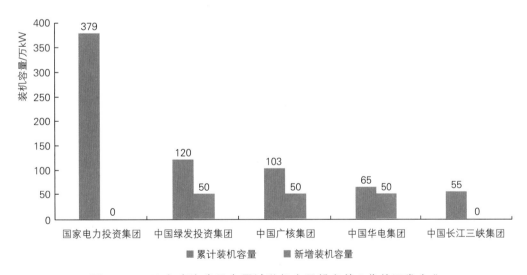

图 5.4   2023 年青海省风电累计装机容量排名前 5 位的开发企业

发电量稳定增长

近年来，青海省风电年发电量占全部电源总发电量比重增长显著。 2023 年青海省风电年发电量达到 161 亿 kW·h，同比增长 3.2%，占全部电源总发电量的 16.0%，较 2022 年增长 0.3 个百分点，较 2019 年增加 8.5 个百分点（见图 5.5）。

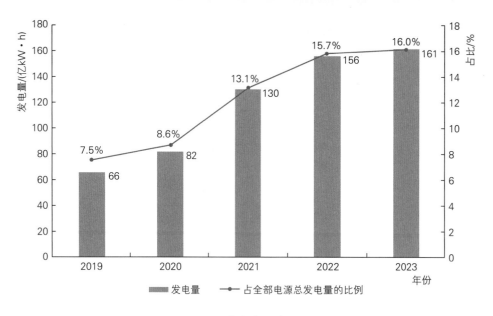

图 5.5　2019—2023 年青海省风电年发电量变化趋势

　　分市（州）看，风电发电量集中在海西蒙古族藏族自治州、海南藏族自治州。2023 年发电量分别为 86 亿 kW·h 和 67 亿 kW·h，分别占全省风电总发电量的 53.5% 和 41.6%，其中海西蒙古族藏族自治州风电发电量较 2022 年增长 6.2%，海南藏族自治州风电发电量较 2022 年降低 1.9%（见图 5.6）。

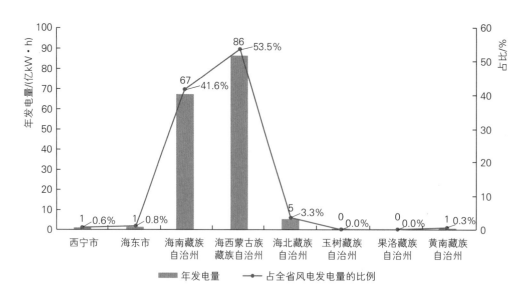

图 5.6　2023 年青海省各市（州）风电发电量

5.3 前期管理

组织开展风电规模化发展研究

2023 年 4 月，为充分发挥夜间出力为主特性的风电对能源安全支撑保障作用，缓解电力系统"日盈夜亏"问题，推动高海拔、低风速风电规模化发展，青海省能源局发布 2023 年首批重点研究课题承担单位公示，由水电水利规划设计总院牵头承担"风电规模化发展研究"课题，重点明晰全省风能资源时空分布特征及开发潜力，明确最佳匹配青海省风能资源特点的风电机组参数，为加快推动高海拔风电规模化发展奠定坚实基础。

组织开展 200 万 kW 风电招标工作

2023 年 11 月，青海省能源局启动海西蒙古族藏族自治州风电项目投资主体招标工作，规模总计 200 万 kW，每个标段各 50 万 kW，要求 2024 年 12 月 31 日前实现风电项目全部容量建成并网。 国家电力投资集团有限公司、明阳智慧能源集团股份公司联合体，中国绿发投资集团有限公司、国网（青海）综合能源服务有限公司联合体，中国三峡新能源（集团）股份有限公司、东方电气股份有限公司联合体，龙源电力集团股份有限公司、天合光能股份有限公司联合体，分别中标四个标段。

5.4 投资建设

新增投资规模实现翻倍增长

2023 年青海省风电完成总投资规模约 64.5 亿元，投资完成规模较 2023 年计划投资增加 15.7 亿元，较 2022 年实际投资增加约 33.8 亿元，增幅为 110.0%。 2023 年风电完成投资占全省清洁能源投资的 18.7%，较 2022 年增加 9.6 个百分点；占能源领域投资的 12.7%，较 2022 年增加 6.5 个百分点。

投资以大型央企为主，民企参与度较高

分企业来看，2023 年风电投资总额前五名依次为中国广核集团青海分公司、中国华电集团有限公司青海分公司、中国华能集团青海分公司、中国绿发投资集团有限公司青海分公司、阳光电源有限公司，分别占全省风电投资的 25.0%、16.0%、14.6%、14.2% 和 10.8%，合计占总投资比例达 80.5%（见图 5.7）。

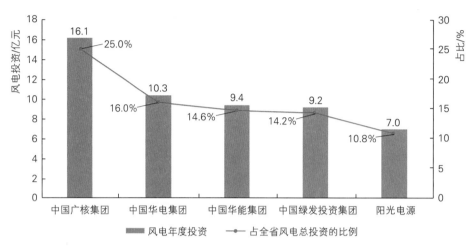

图 5.7　2023 年青海省风电投资排名前 5 位的开发企业

风电成本受主机价格影响稳中有降

风电项目造价主要包括机电设备及安装工程、建筑工程、施工辅助工程、其他费用、基本预备费和建设期利息等。 2023 年青海省风电项目平均单位千瓦造价约 4000 元。 从投资构成看，机电设备及安装工程费用占比最大，达 77.5%，是项目整体造价指标的主导因素（见图 5.8）。

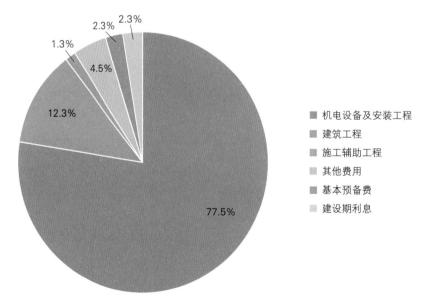

图 5.8　2023 年青海省风电项目工程投资构成

5.5 运行消纳

年平均利用小时数实现三连涨

随着西宁市大工业负荷增长快速、骨干电网建设不断增强，青海省风电年平均利用小时数持续增加。 2023 年青海省风电年平均利用小时数达 1619h，较 2022 年增加 5h，同比增长 0.3%（见图 5.9）。

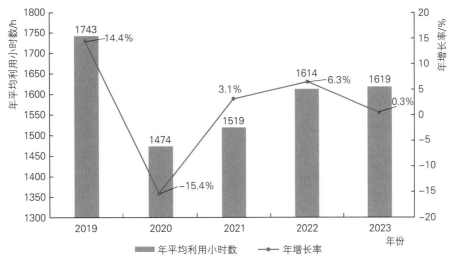

图 5.9　2019—2023 年青海省风电年利用小时数对比

分市（州）看，各市（州）年平均利用小时数不均衡。 风电年平均利用小时数由多到少依次为海北藏族自治州、西宁市、黄南藏族自治州、海东市、海西蒙古族藏族自治州、海南藏族自治州，除海南藏族自治州外，其余市（州）均高于全省平均值（见图 5.10）。

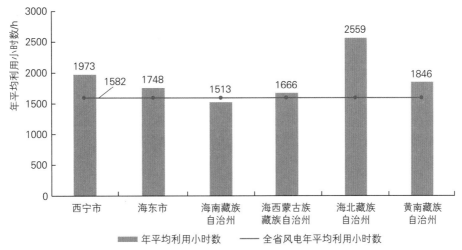

图 5.10　2023 年青海省各市（州）风电年平均利用小时数

作为风电装机容量第二大的海南藏族自治州年平均利用小时数为 1513h，低于平均值 4.4%，应予以关注。

风电利用率持续好转

2023 年，青海省弃风电量 10 亿 kW·h，较 2022 年减少 2 亿 kW·h，同比减少 17%；全省风电平均利用率 94.2%，相较于 2022 年提高 1 个百分点，风电消纳形势持续好转（见图 5.11）。但从全国范围看，青海弃风现象仍较为严重，有待提高。

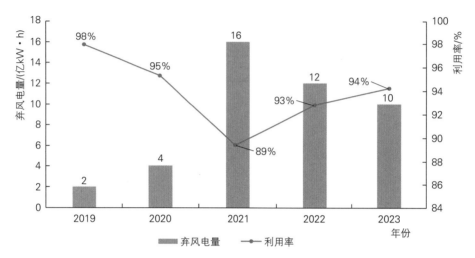

图 5.11　2019—2023 年青海省弃风电量和风电利用率变化趋势

5.6　技术进步

风电机组持续向大型化方向推进

随着风电建造安装产业不断发展，全国风电机组向大型化方向持续推进。在单机容量上，陆上风电机组主流单机容量逐步超过 7MW，平均单机容量超过 5MW，最大单机容量达到 11MW。在叶轮直径上，陆上风电机组最大叶轮直径达到 230m 以上。在轮毂高度上，2023 年我国新增风电机组平均和最高轮毂高度分别达到 115m、185m。2023 年，青海省在建风电单机容量已达到 6.7MW，海西蒙古族藏族自治州 200 万 kW 风电竞配方案最大单机容量达 7.5MW，大型化趋势明显。

施工安装技术水平稳步提升

陆上超高塔筒、超高海拔等不同工况的风电施工安装技术水平稳步提升，适用于高塔筒、长叶轮、大容量的陆上风电吊装技术加快迭代。随着冷湖天茫 20 万 kW 风电项目全容量并网投运，标志着青海省首个采用混凝土风力发电的塔架施工技术的风电项目成功落地。

5.7　发展趋势及特点

风电装机增速达历史之最，装机占比稳中有升

青海省风能资源丰富，风电装机容量快速增长，由 2019 年的 462 万 kW 增长至 2023 年的 1185 万 kW，近五年增长 2.6 倍，年均增长率 38.44%；由于国家第一批大型风电光伏基地并网要求和风电机组技术进步，2023 年风电装机容量显著提升，增幅达到 22.0%。装机占比由 2019 年的 14.6% 增长至 2023 年的 21.8%，五年间增加 7.2 个百分点。

风电发电量连续两年超过煤电发电量

2023 年青海省风电全年发电量 161 亿 kW·h，较 2022 年增加 5 亿 kW·h，同比增长 3.3%。其中，风电发电量占全部电源总发电量的 16.0%，较 2022 年提高了 0.3 个百分点，占比持续提高，连续两年超过煤电发电量，成为继水电、太阳能之后的第三大发电量主体。

风电利用率持续好转，但仍有待提高

2023 年青海省风电年平均利用小时数达 1619h，较 2022 年增加 5h，同比增长 0.3%。2023 年弃风电量 10 亿 kW·h，较 2022 年减少 2 亿 kW·h；全省风电平均利用率 94.2%，较 2022 年提高 1.5 个百分点，实现两连涨，风电消纳形势有所好转。但从全国范围看，青海风电利用率低于全国平均值 2.8 个百分点，消纳形势应予以重视。分市（州）看，各市（州）年平均利用小时数不均衡，特别是装机容量第二大的海南藏族自治州年平均利用

小时数仅 1513h，低于全省平均值，应予以关注。

风电呈规模化开发态势

以风能资源为依托，以区域电网为支撑，青海省加快风电规模化发展。 2023 年 4 月，青海省组织开展风电规模化发展研究课题；12 月，完成海西蒙古族藏族自治州 200 万 kW 风电招标工作，单体规模达 50 万 kW，单体规模达历史规模之最，风电呈基地化、规模化开发态势，新能源供给能力稳步提升。

风光互补效益需进一步加强

青海省风电出力主要集中在 16：00 以后至夜间时段，与光伏具有较好的互补性。 在光伏大发展的情况下，近五年风电也得到了较快发展。 青海省风电、光伏发电并网规模比例由 2018 年的 1：3.6 调整至 2023 年的 1：2.2，风光互补优化了电源结构，高效推进青海打造国家清洁能源产业高地。

5.8 发展建议

统筹开展全省风电资源普查工作，发挥风电夜间出力能力，支持风光互补

充分发挥青海省风电夜间出力特性对能源安全保障作用，统筹开展全省风电资源普查工作，系统掌握全省风资源分布情况。 兼顾土地资源、电网接入、电力供需、生态保护等因素，科学规划全省风电开发规模，并形成重点项目库。 同时，统筹考虑风电发电特性及电网安全稳定运行，鼓励在光伏场区及周边建设风电项目，实现风光同场，提高变电站利用率。

系统开展新能源资源观测网络建设

青海省地处高寒、地域广阔、地形复杂，风能太阳能资源区域变化较大，为更精准掌握各市（州）风光资源水平，建议按照"全区覆盖、重点加密、避免重复、优化布点"的原则开展全省风光观测网络建设工作，系统收集风能太阳能资源数据，准确评估风光资源水

平，为全省新能源资源普查和未来新能源高质量开发奠定坚实基础。

稳步推进风光互补开发

从全国电力装机看，水电、风电、太阳能发电、火电并网规模比例为 1∶1.05∶1.45∶3.3，从青海省电力装机看，水电、风电、太阳能发电、火电并网规模比例为 1∶0.91∶1.96∶0.30，省内风电占比较小，建议充分释放风电夜间出力潜力，加快布局一批风能资源好、夜间特性强、技术性能优、建设进度快的风电项目，缓解光伏单兵突进带来的系统调峰难题和青海省电力系统"夜间缺电"问题。

推进油气勘探开发与新能源融合发展

海西蒙古族藏族自治州富含油气资源探矿权土地范围大，较好的风电资源多位于油田探矿权内，建议统筹内用和外送，充分利用油气田风能和太阳能资源禀赋较好、建设条件优越、具备持续规模化开发条件的优势，推进油田风电和光伏发电集中式开发，建设油气与太阳能、风能同步开发综合利用示范工程，加快实现燃料油气的替代，推进油气勘探开发与新能源融合发展。

高湿腐蚀特殊地质区风电开发示范

柴达木沙漠区域含有大片盐碱地，具有强腐蚀性、高盐胀、浅地下水等特殊地质属性，常规基础设计方式无法满足工程安全需求，对该区域风电规模化开发利用产生不利影响。建议结合推进"三北"（东北、华北、西北）工程，以盐碱地防治和风电光伏一体化工程项目为重点，突破高湿腐蚀特殊地质区风电开发关键技术，统筹推进盐碱地系统治理和新能源开发利用。

6

生物质能

6.1 资源禀赋

截至 2023 年底，我国主要生物质资源年产量约 45.4 亿 t，其中农作物秸秆约 7.9 亿 t，畜禽粪污约 30.5 亿 t，林业废弃物约 3.4 亿 t，生活垃圾约 3.1 亿 t，其他有机废弃物约 0.5 亿 t。

青海省属于生物质资源一般地区，可利用生物质资源包括畜禽粪污、农作物秸秆、林业废弃物、生活垃圾等，各市（州）可能源化利用的生物质资源总量约 830 万 t，约为全国生物质资源总量的 0.22%，折合标准煤 370 万 t。其中，畜禽粪污 440 万 t，折合标准煤约 214 万 t；农作物秸秆 142 万 t，折合标准煤约 71 万 t；林业剩余物 102 万 t，折合标准煤约 59 万 t；生活垃圾 146 万 t，折合标准煤约 29 万 t。全国及青海省生物质资源基本情况如图 6.1 所示。

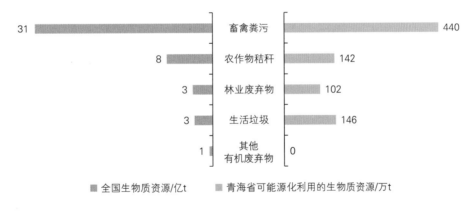

图 6.1 全国及青海省生物质资源基本情况

6.2 发展现状

新增装机规模较大，投资规模增长迅速

青海省已投产生物质能发电项目累计装机容量 7.8 万 kW，其中 2023 年新增西宁市生活垃圾焚烧发电项目 1 座，装机容量 7.0 万 kW。

西宁市生活垃圾焚烧发电项目位于西宁市大通县长宁镇黑沟村，项目总用地面积 253.84 亩，建设日处理生活垃圾量 3000t 的生活垃圾焚烧发电厂 1 座，4 条 750t/d 焚烧线，配置 1 台 55MW 和 1 台 15MW 汽轮发电机组，项目总投资 16.6 亿元，单位造价为 55.3 万元/（t·d），年发电量约 4.59 亿 kW·h。项目主体工程 2021 年 5 月开工建设，2022 年 11 月开始接收城东区、东川工业园区生活垃圾，2023 年 4 月开始接收主城区的全部生活垃圾；2023 年 3 月 1 号汽轮机组试运行并网发电，2023 年 5 月 2 号汽轮机组并网发电，2023 年 6 月并网发电。

生物质发电项目分布集中，年利用小时数略有下降

青海省生物质能开发方式以沼气发电、生活垃圾焚烧发电为主，且全部位于西宁市，其他市（州）尚未开发生物质发电项目。2023 年青海省生物质发电项目年平均利用小时数为 3257h，较 2022 年减少 572h，降幅 15％。

6.3　发展建议

统筹推进各类生物质能开发利用

青海省已建生物质能项目主要为餐厨垃圾、生活垃圾等发电利用，畜禽粪污、农林废弃物等其他生物质资源尚未进行工业化开发，建议结合青海各市（州）资源分布及用能需求，在发展发电利用的同时，因地制宜通过生物质能颗粒燃烧、生物制碳、大中型沼气等非电利用方式开发生物质资源。

探索具有青海特色的生物质能利用模式

因地制宜推进生物质能多元化利用，宜气则气、宜热则热、宜电则电。在规模化牲畜养殖集中的牧区适度发展生物天然气工程，推广能源环保型利用模式。以农村能源革命试点县建设为契机，探索建设具备生物质"收储运"及成型燃料加工、生物质锅炉供热、农村能源节约与技术推广服务等能力的乡村能源站。推进生活垃圾无害化处理体系发展，鼓励农林生物质热电联产项目建设，推动农牧区生活垃圾分类处理和资源化利用，构建具有青海特色的农牧区生活环境治理与资源综合利用体系。

地热能

7.1 资源概况

青海省地热资源丰富、品类齐全

青海省地热资源丰富、品类齐全，共和盆地浅层地热能、水热型地热、干热岩三种类型均有发现，被誉为地热之城、干热岩之都。

青海省已发现水温 11℃ 以上的天然温泉点 75 处，其中水温 80～100℃ 的热水点 4 处，60～80℃ 的低温热水点 11 处，40～60℃ 的低温热水点 16 处，25～40℃ 的低温水点 18 处，小于 15℃ 温泉 26 处。温泉主要出露于西宁、共和、贵德、同仁、兴海等地区；地热井主要集中分布在西宁、海南以及海东地区，井深 150～2000m，出水温度 16～105℃。

青海省水热型地热资源按照成因分类可分为隆起断裂型地热资源和沉积盆地型地热资源两大类。隆起断裂型地热资源主要分布在西宁盆地南缘药水滩地热区、贵德县热水沟地热区、兴海县温泉地热区及唐古拉山口温泉地热区等；沉积盆地型地热资源主要分布于西宁盆地、共和盆地、贵德盆地及柴达木盆地北缘，共和盆地的恰卜恰地区、贵德盆地的贵德县城附近地热资源赋存条件最佳。

干热岩资源主要分布在共和盆地和贵德盆地，其中共和恰卜恰地区和贵德扎仓沟地区钻孔均揭露到干热岩体，2019—2022 年中国地质调查局实施了"干热岩勘查与试验性开发科技攻坚战"项目，圈定达连海、那儿干、塘格木等 6 处勘探开发目标靶区。

全省地热资源分布不均

水热型地热资源在全省分布不均，其中玉树地区分布广泛，且温度较高，水质较好，但总体勘查程度偏低，多数分布于人烟稀少地区，开发利用难度大；海南地区干热岩、水热型地热资源较为丰富，集中分布于共和恰卜恰及周边地区，勘查程度较高，资源开发利用条件优越；海西地区地热资源零散分布，总体呈西高东低的分布态势，且多数为咸水，

开发难度较大。

7.2 发展现状

地热资源勘查稳步推进

2023 年青海省清洁能源矿产专项资金累计投入 640 万元，共部署实施了地热资源勘查（调查评价）项目 4 项，其中在玉树藏族自治州结古地区实施的地热勘查井探获水温 26℃、流量 1300m³/d 的低温热水资源；在西宁市湟中区鲁沙尔莲湖公园圈定地热靶区一处，2024 年度计划在该区实施一眼孔深 1600m 的探采结合井。

地热供暖及发电

青海省地热供暖及发电项目主要分布在海南藏族自治州共和县和西宁市。 地热供暖方面，青海省现有地热供暖项目 3 个，海南藏族自治州共和县城北新区地热供暖项目、海南藏族自治州人民医院地热供暖项目、西宁市城北区瑞景河畔家园小区地热供暖项目；地热发电方面，青海省地热试验性发电利用项目 2 个，分别为共和县恰卜恰干热岩项目和城北地热开发示范基地项目，其中共和县恰卜恰干热岩项目实现我国首次干热岩试验性发电。

地热农业

青海省地热农业开发主要在海南州共和县上塔买村高科技生态园区，园区共有 200 余个温室大棚，主要开展地热温室、地热水灌溉以及地热水养殖利用。 项目初期利用附近村庄地热井水，后地热井遭破坏，又钻探地热井 2 口，深度 220m，出水温度 26℃。

7.3 前期管理

推动地热能等其他清洁能源发展

2023 年 1 月，青海省能源局印发《青海打造国家清洁能源产业高地 2023 年工作要点》

（青能新能〔2023〕66号），提出推动地热能等清洁能源发展，推进海南藏族自治州共和县、兴海县、同德县、贵南县和黄南藏族自治州河南县清洁取暖示范县建设，实现公用建筑、集中取暖区域清洁取暖全覆盖。

鼓励开发地热能供暖项目

2023年8月，青海省发展和改革委员会、青海省能源局等印发《青海省能源领域碳达峰实施方案》（青发改能源〔2023〕520号），提出采用电能替代方式进行清洁供暖改造，实施三江源地区清洁取暖工程，加快推进海西蒙古族藏族自治州、西宁市清洁取暖试点城市建设。推广低温空气源热泵采暖，鼓励地热资源丰富地区开发水热型和干热岩型地热能供热项目。

7.4 发展趋势及特点

干热岩发电全国领先

中国地质调查局在共和县恰卜恰地区利用236℃的优质干热岩资源开展了试验性发电利用，干热岩试验发电装机容量300kW，发电机组采用ORC发电技术。已初步建成青海共和干热岩勘查试采示范基地，对我国干热岩勘查开发利用具有重要的引领和示范作用。

地热资源勘查程度不均衡

青海省地热资源开展调查评价的仅有贵德、结古、共和、海晏、西宁和互助等6处，地热勘查项目大都属调查评价或勘查阶段，全省大部分地区尚未开展有效的地热资源调查工作。截至2023年底，全省共实施地热井80余处，主要分布在海南藏族自治州、西宁市以及海东市，地热资源勘查程度不均衡。

地热资源开发与勘查衔接程度不高，综合利用率低

全省地热资源勘查与开发衔接程度不高，勘查精度低，中深层尾水回灌问题缺乏深入

研究，且大部分地热井实施成功后都被闲置，开发利用程度低；已开发的温泉、地热井多为粗放用于洗浴、灌溉等的低端方式，未能形成绿色环保的梯级利用系统，综合利用率有待进一步提升。

7.5 发展建议

统筹地热资源勘查工作

根据地热能的分布规律和热储类型，按照经济社会发展需要，统筹部署规划全省地热能勘查工作。以发电、供暖等能源利用为重点，围绕重点城镇和工农业开发，部署地热勘查、开发等项目。重点安排地热能丰富，开发潜力大，利用效率高，地方经济发展急需的地热点。强化地热勘查开发力度，重点突破，促进地热能及相关产业的发展。

推动地热发电引领示范

在共和恰卜恰地区和贵德扎仓沟地区继续开展地热发电关键技术研究，在有条件的地方组织建设中高温地热能和干热岩地热能发电工程，突破制约地热能利用的系列核心技术问题，形成独具特色的地热资源与发电潜力评价技术方法。同时，攻关地热能发电成套装备，掌握地热发电产业核心技术，提高发电效率，提升自主创新能力和竞争力。

积极发展地热能多能互补及梯级利用开发技术

积极推动"地热能＋"多能互补利用，加强地热能与太阳能、风能等其他可再生能源的互补综合利用，鼓励具备条件的新建公共建筑采用"地热能＋"多能互补的形式解决供暖需求，推进"地热＋新能源""地热＋储能"等多能互补发电模式。积极推动地热综合梯级利用，探索地热发电—供暖—洗浴—地热温室梯级开发技术，提高地热资源的开发利用效率。

加快地热标准制定推广

　　对照已有国家及行业标准作适用性分析，按照青海省地热能产业管理需求与发展定位，研究制定地热能开发利用标准体系，提升地热能产业的科学化、规范化水平。 按照急用先行的原则，分步制定地热能调查评价、分级利用、高效取热、尾水回灌、地质环境监测等技术规范和不同场景应用标准。

8

天然气

8.1 资源概况

青海省天然气资源丰富，主要分布在青藏高原北缘的柴达木盆地。 盆地天然气总资源量 32127 亿 m^3，其中生物气资源量 11226 亿 m^3，油型气资源量 8747 亿 m^3，煤型气资源量 12154 亿 m^3。

截至 2023 年底，青海省柴达木盆地探明不同类型的气田共 10 个，包括涩北一号、涩北二号、台南、马西、盐湖、东坪（含牛东）、驼峰山、马海、尖北、昆特依气田，2023 年新增探明天然气地质储量 10.81 亿 m^3，累计探明天然气地质储量 4424.03 亿 m^3，累计探明天然气可采储量 2099.46 亿 m^3。 已开发气田 8 个，累计动用天然气地质储量 4132.93 亿 m^3，累计动用天然气可采储量 2003.49 亿 m^3。

8.2 发展现状

天然气外输管网基础设施条件较好

青海省天然气外输管网主要以青海油田管网及国家石油天然气管网集团有限公司（以下简称"国家管网公司"）管网为主。 其中青海油田涩格输气管道、涩格复线输气管道、涩仙敦输气管道总长度 655.92km，设计年总输气量 31 亿 m^3；国家管网公司涩宁兰输气管道、涩宁兰复线输气管道总长度 1881.4km，设计年总输气量 68 亿 m^3（见图 8.1）。

天然气开发连续 13 年实现 60 亿 m^3 以上稳产

2023 年，青海油田年产天然气 60.0007 亿 m^3，连续 13 年维持在 60 亿 m^3 以上（见表 8.1），累计生产天然气 1127.96 亿 m^3。 其中，涩北一号气田年产天然气 23.13 亿 m^3，累计生产天然气 344.36 亿 m^3；涩北二号气田年产天然气 21.12 亿 m^3，累计生产天然气

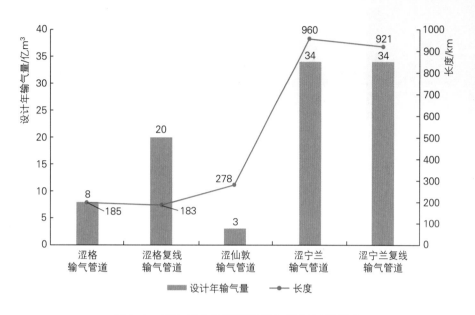

图 8.1 青海省外输管网设计年输气量及长度

279.52 亿 m³;台南气田年产天然气 5.81 亿 m³,累计生产天然气 337.00 亿 m³;南八仙气田年产天然气 4.86 亿 m³,累计生产天然气 59.99 亿 m³;东坪气田年生产天然气 0.42 亿 m³,累计生产天然气 33.74 亿 m³;尖北气田年生产天然气 0.08 亿 m³,累计生产天然气 4.05 亿 m³(见图 8.2)。

表 8.1　　　　　　2019—2023 年青海油田天然气产量及供应情况

年　份		2019	2020	2021	2022	2023
天然气产量/亿 m³		64	64	62	60	60
天然气商品量/亿 m³		57.5	57.5	55.6	54.1	54.1
供气管道 输气量 /亿 m³	涩格线及其复线	12.1	11.0	11.9	11.3	11.7
	南八仙—花土沟支线	0.4	0.4	0.5	0.4	0.5
	南八仙—敦煌支线	1.2	1.3	1.4	1.4	1.4
	涩宁兰管道系统	43.3	44.2	41.4	40.5	40.0
	其他	0.4	0.5	0.4	0.5	0.6
	合计	57.4	57.4	55.6	54.1	54.1

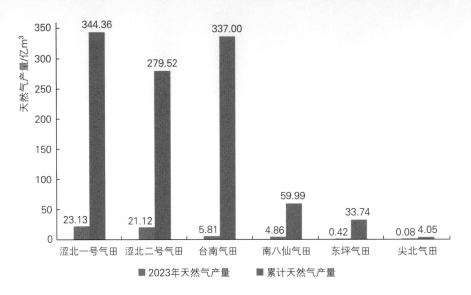

图 8.2　2023 年青海省主要气田天然气产量

省内天然气产消稳中有升

2023 年，青海省天然气消费量 39.63 亿 m³，同比增长 7.7%（见图 8.3）。其中，居民生活消费 24.56 亿 m³，占比 62.0%；工业原料消费 3.75 亿 m³，占比 9.5%；化工原料消费 6.28 亿 m³，占比 15.9%；化肥原料消费 4.04 亿 m³，占比 10.2%；LNG 消费 0.81 亿 m³，占比 2.1%。

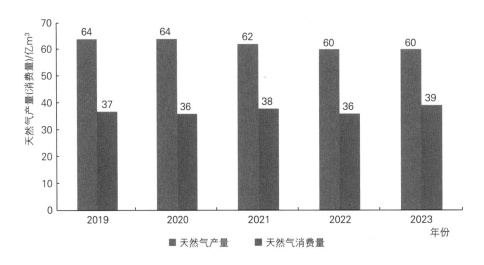

图 8.3　2019—2023 年青海省天然气产量与消费量

8.3　前期管理

加快推进政府储气设施建设

2023 年 3 月，国家能源局综合司印发《关于加强 2023 年度储气能力建设有关工作的通知》(国能综通油气〔2023〕16 号)，组织召开政府储气设施建设推进会，研究加快推进政府储气设施建设及运营相关工作。青海省能源局要求全面加快政府储气设施建设进度，统筹全省天然气资源合理调度使用，建立全省天然气产供储销一体化调度机制，做好全省天然气应急保供工作，并在现有储气设施运行管理办法的基础上，开展储气设施运行机制研究，进一步完善并出台储气设施运营管理办法，支持政府储气设施稳定运营。

切实加强天然气长输管道保护工作，确保管道安全稳定运行

2023 年 7 月，青海省能源局印发《关于持续做好油气长输管道保护工作的通知》(青能煤油气〔2023〕59 号)，明确各有关市(州)发展和改革委员会(能源局)、各有关管道企业要落实监管责任，健全天然气长输管道企地共管、定期会商和联防联控"三项机制"。管道巡护工作要做到从新建管道回填至报废处置的全过程覆盖，要利用多种技术手段开展管道巡护，确保及时发现问题。持续推动管道保护和隐患整治工作，夯实天然气输送管道安全生产工作基础，从源头做好天然气长输管道保护工作。

因地制宜发展燃气电站，统筹推动气电与新能源融合发展

2023 年 8 月，青海省发展和改革委员会、青海省能源局印发《青海省能源领域碳达峰实施方案》(青发改能源〔2023〕520 号)，要求发挥燃气电站深度应急调峰和快速启停等优势，结合天然气供应能力和电力系统发展需求，因地制宜合理布局一定规模的燃气电站，推动气电与新能源融合发展。通过燃气电站与新能源的互补，在电力供应上实现多元化，提高电力系统的整体效率和稳定性，推动能源结构转型和优化升级。

启动企地能源领域战略合作新篇章，构建共赢发展新格局

2023 年 9 月，青海省人民政府与中国石油天然气集团有限公司签署战略合作框架协

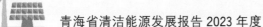
议。 形成了政企合作"1＋1＋20＋N"（1 个框架协议＋1 个总体方案＋20 个专项方案＋N 个重点项目清单）的工作成果。 按照协议，双方将在完整、准确、全面贯彻新发展理念，加快构建新发展格局，加强油气和伴生气资源开发利用，构建天然气多元供给体系，推动天然气与新能源融合发展建设清洁能源战略新高地，打造化工和装备制造产业链等方面，共同开启企地能源战略合作新征程，持续推动全方位高质量发展聚力赋能。

8.4 发展趋势及特点

未来天然气供需形势严峻

青海油田不仅是青海省主要产气区，也是西气东输管道的主要战略接替气源之一。 预计"十四五"末青海省天然气总需求约 63 亿 m³。 随着格尔木燃机电站重启、"沙戈荒"大基地建设，预计到"十五五"末，青海省年用气量将达到 80 亿 m³ 以上，用气需求将进一步增大，尤其是冬春季节供暖期天然气"压非保民"的供应保障形势严峻。

天然气与新能源融合发展

在构建新型能源体系过程中，电力系统灵活调节能力对于支撑高比例新能源并网、提高电网运行安全性和可靠性至关重要。 气电作为"沙戈荒"基地支撑调节电源，其发电效率高，响应快，大型调峰机组发电效率均在 60％ 以上，高于燃煤发电效机组，可实现更大规模、更大比例地支撑新能源开发和外送。 同时，气电作为支撑电源不存在粉尘污染、高碳排放等问题，可有效支撑全省清洁能源外送。

高原千万吨级开发基地稳步推进

为缓解天然气供需平衡紧张，页岩气、煤层气、致密气等非常规气资源规模化开发加快推进，深度挖掘柴达木盆地油气勘探开发潜力，积极谋划建设高原千万吨级油气当量勘探开发基地。 按照国家增储上产要求，新区快速高效建产与老区精细开发结合，稳步提升常规油气产量。 同时，页岩气勘查力度稳步推进，在现有资源勘查成果基础上进一步选定有利区，启动实验性开采，为规模化、商业化开采奠定基础。

8.5 发展建议

多措并举全力保障天然气持续稳定供应

建议抓紧青海油田老区稳产、新区上产工作，不断提高天然气产量；加快推进全省7座政府储气设施尽早投运，完善储气设施经营模式，健全储气设施服务价格机制，建立天然气储备动用机制，确保应急状态下民生用气持续稳定供应；优化利用已投运的古浪—河口天然气联络管道工程，从西气东输管道下载天然气供应兰州地区，尽量将更多的天然气留在青海省，促进青海省经济社会发展。

推动"疆气入青"研究，增强调峰能力

积极推动"新疆—青海"天然气干线工程纳入国家规划，尽快打通国家清洁能源南部战略通道，构建天然气多元供给体系，缓解河西走廊能源输送通道压力，保障新能源大基地建设及青海省中长期发展需求，确保风光气资源"产得多、送得出、用得好"。

开展以气电为支撑电源的"沙戈荒"基地外送方案研究

紧密衔接国家关于以"沙戈荒"地区为重点的大型风电光伏基地战略布局，深入研究天然气发电调峰能力，统筹风电光伏基地、气电调节电源、特高压外送通道"三位一体"推进"沙戈荒"基地外送方案，助力实现碳达峰碳中和目标。

加快格尔木燃机电站重启建设

加快格尔木燃机电站重启及配套新能源项目建设，提升青海省电网调节能力。同时加快天然气绿色低碳开发和清洁用能替代，统筹推进天然气勘探开采领域实施"电代气"工程建设，加快电能替代、绿电耦合应用、绿电加热炉替代等工程；推进建设以风光发电为主，天然气发电为辅的智慧微电网，打造多能互补示范区。

深入推进"风光气氢一体化"工程

深入实施"风光气氢一体化"工程，探索天然气资源就地高效利用新途径，加快中石油青海油田海西 100 万 kW 风光气氢项目建设，通过建设风电光伏基地，气电作为支撑调节电源，实现清洁能源规模化制氢。探索电解水制氢＋燃机掺氢、绿氢替代格尔木炼厂天然气制氢、天然气支线管道掺氢、氢燃料电池等用氢新场景，为建立绿氢产业体系奠定坚实基础。

9

新型储能

9.1 发展基础

国家清洁能源产业高地建设迫切需求

"十四五"期间，青海省光伏、风电装机规模持续快速增长，新能源消纳和限电问题日益严峻，探索出一条改善消纳和限电问题的技术路径是助力国家清洁能源产业高地建设的迫切需求。 新型储能作为支撑新型电力系统的重要技术和基础装备，可以有效缓解新能源消纳能力受限和电力平衡保障难度大的问题。 为此，青海省着力打造国家储能发展先行示范区，先后出台了《青海省"十四五"储能发展规划》《青海省新型储能发展行动方案（2023—2025 年）》《青海省国家储能发展先行示范区行动方案 2023 年度工作要点》等多项支持政策促进新型储能发展。

盐湖锂资源得天独厚

2023 年，全国锂离子电池约占新型储能装机的 97.4%，是新型储能最主要的技术路线之一。 青海省锂矿资源储量约占全国锂矿资源储量的 47.07%，全国近半数的锂矿资源分布在青海省境内，锂矿资源位居全国第 1 位，是我国名副其实的锂资源大省。 依托丰富的盐湖锂资源，青海省已构建"碳酸锂—正负极材料—储能/动力锂电池"较为完整的上下游一体化锂电产业链，目前已建成正极材料产能 22.8 万 t，负极材料产能 9.5 万 t，锂电池产能 32.5GW·h。 重点企业包括青海弗迪电池有限公司、青海时代新能源科技有限公司、青海泰丰先行锂能科技有限公司等。

9.2 发展现状

装机规模与 2022 年持平

截至 2023 年底，青海省已建成投运电化学储能项目 16 个，储能容量达 49.8 万 kW/

74.7 万 kW·h（见图 9.1），平均储能时长约 1.5h，占全国 3.93%/4.06%，其中电网侧储能电站 3 座，总规模为 18.2 万 kW/36.4 万 kW·h，占全省比例为 36.5%/48.7%，电源侧储能电站 13 座，总规模 31.6 万 kW/38.3 万 kW·h，占全省比例为 63.5%/51.3%（见图 9.2）。

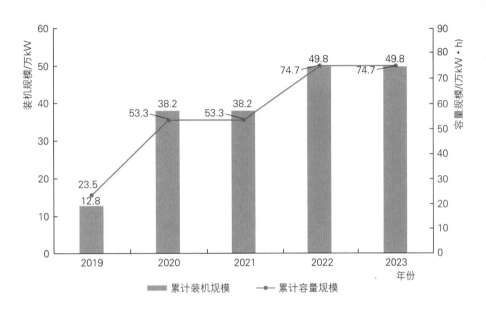

图 9.1　2019—2023 年新型储能装机规模变化情况

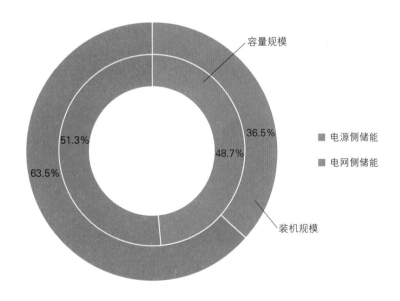

图 9.2　2023 年青海省新型储能建设规模情况

电网侧储能充放电量稳步提升

2023 年青海省储能电站总充电量 17685 万 kW·h，放电量 14223 万 kW·h，分别同比增长 11.5%、12.2%。其中，电网侧储能电站充电量 7182 万 kW·h，占总充电量的 40.6%，放电量 6038 万 kW·h，占总放电量的 42.5%，同比增长约 30%；电源侧储能电站充电量 10503 万 kW·h，占总充电量的 59.4%，放电量 8185 万 kW·h，占总放电量的 57.5%（见图 9.3），与 2022 年充放电量基本保持一致。

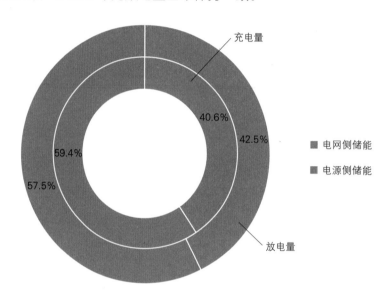

图 9.3　2023 年青海省新型储能充放电情况

锂离子电池占比高于全国平均水平

截至 2023 年底，青海省已建新型储能主要为锂离子电池和液流电池，其中锂离子电池储能装机和容量规模占比 99.5%/98.2%，高出全国平均水平 5.1 个百分点，平均储能时长 1.5h；液流电池储能装机规模和容量规模占比 0.5%/1.8%（见图 9.4），平均储能时长 5h。

已建新型储能分布集中

青海省已建成储能电站全部集中于海南藏族自治州和海西蒙古族藏族自治州，电网侧储能电站均集中在海西蒙古族藏族自治州。其中，海南藏族自治州建成储能电站 9 座，储

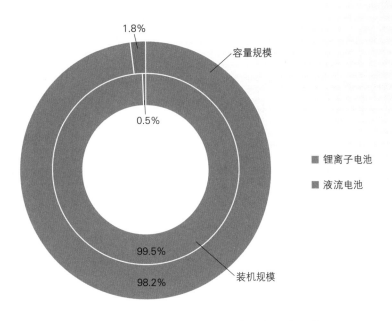

1.8%

容量规模

0.5%

锂离子电池

液流电池

99.5%

装机规模

98.2%

图 9.4　2023 年青海省已建新型储能类型占比情况

能规模 28.5 万 kW/35.0 万 kW·h，占全省比例为 57.5%/46.9%，平均储能时长约 1.2h，全部为电源侧储能项目。海西蒙古族藏族自治州建成储能电站 7 座，储能规模 21.1 万 kW/39.7 万 kW·h，占全省比例为 42.5%/53.1%（见图 9.5），平均储能时长约 1.9h，储能应用场景涉及电源侧储能和电网侧储能。

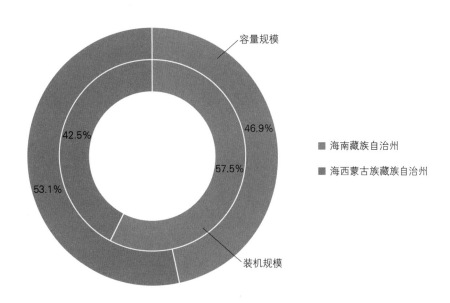

容量规模

42.5%

46.9%

海南藏族自治州

53.1%

57.5%

海西蒙古族藏族自治州

装机规模

图 9.5　2023 年青海省各市（州）新型储能建设情况

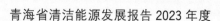
稳步推进新型储能示范项目落地实施

2023 年,青海省首批"揭榜挂帅"压缩空气储能、氢能等 4 类 10 项新型储能示范项目中,利用已有矿井改造的压缩空气储能示范项目(金属矿井)、利用已有矿井改造的压缩空气储能示范项目(油气井)、离网制氢用氢示范项目等 9 个项目已完成备案。 其中海西蒙古族藏族自治州新建储气罐的先进压缩空气储能、液态压缩空气储能、高倍率熔盐储能供热和发电、海南藏族自治州高安全性新型锂电池储能系统与示范应用工程 4 个示范项目已开工建设。 特别是由中国绿发投资集团有限公司投资建设的世界最大液态空气储能示范项目(6 万 kW/60 万 kW·h)在海西蒙古族藏族自治州的开工建设,填补了我省大规模长时储能技术空白,标志着青海构建短时、中时、长时多元储能体系迈出坚实一步,为青海省打造国家清洁能源产业高地提供有力支撑。

9.3 前期管理

明确 2023—2025 年新型储能发展目标

2023 年 6 月,青海省发展和改革委员会印发《青海省新型储能发展行动方案(2023—2025)》(青发改能源〔2023〕364 号),指出到 2025 年青海省新型储能要完成从小规模应用向规模化发展的转变,同时满足青海省电力系统调峰、安全稳定运行的需求目标,明确指出 2023—2025 年,新增新型储能 620 万 kW 以上,其中电化学储能 550 万 kW 以上,压缩空气储能及其他新型储能 70 万 kW 以上,累计建成并网新型储能装机规模 670 万 kW。

加快推进储能先行示范区建设

2023 年 6 月,青海省发展和改革委员会印发《青海省国家储能发展先行示范区行动方案 2023 年工作要点》(青发改能源〔2023〕436 号),从努力营造储能发展政策环境、积极推动多元储能设施建设、着力打造储能产业创新高地等三个方面提出工作方向与要求,推进压缩空气、离网制氢用氢、储热发电等"揭榜挂帅"试点示范项目建设进度。

进一步明确 2023 年发展新型储能任务及目标

2023 年 8 月，青海省能源局印发《青海打造国家清洁能源产业高地 2023 年工作要点》（青能新能〔2023〕66 号），明确指出 2023 年青海省新型储能发展的主要任务为：全面推进第一批、第二批大基地项目配套储能设施建设，加快建设海南藏族自治州光储一体化实证基地项目，以"揭榜挂帅"方式组织新型储能试点示范项目，开展项目建设工作。

9.4 发展趋势及特点

新型储能技术多元化发展态势明显

全国已有 24 个省份明确了"十四五"新型储能建设目标，规模总计 75.65GW；10 个省份先后发布了新型储能示范项目清单，规模总计 33GW。青海省"十四五"新型储能建设规模约 6GW，形成锂离子电池储能、压缩空气储能、液流电池储能、熔盐储能供热等多种新型储能技术并存的发展态势。

主流储能技术产业化推动快速降本

2023 年全国新增投运新型储能项目功率规模约 22.6GW，容量规模约 48.7GW·h，较 2022 年底增长超过 260%，其中锂离子电池储能占比约 97.4%，锂离子电池储能仍保持主导地位。2023 年，随着主要原材料价格的走低叠加产能的过剩、产业竞争激烈、企业开工率较低等因素的影响，锂电池价格大幅回落，下降幅度超 40%，进一步利好新型储能工程应用发展。

9.5 发展建议

按需建设储能，推动各类型储能科学配置

按照"以需求定规模、以发展定类型、以条件定布局、以市场定模式、以内外改革定政策"总体目标，根据电力系统需求，统筹各类调节资源建设，持续开展全省储能配置研究，因地制宜推动各类型储能科学配置，形成多时间尺度、多应用场景的电力调节能力，更好保障电力系统安全稳定灵活运行，改善新能源出力特性和负荷特性，支撑高比例新能源建设。

完善储能市场配套机制

加快推进电力中长期交易市场、电力现货市场、辅助服务市场等建设进度，推动储能作为独立主体参与各类电力市场。研究新型储能参与电力市场的准入条件、交易机制和技术标准，明确相关交易、调度、结算细则。推动新型储能以独立电站、储能聚合商、虚拟电厂等多种形式参与辅助服务，因地制宜完善电力辅助服务补偿机制，丰富辅助服务交易品种。按照"谁服务、谁获利，谁受益、谁承担"的原则，不断完善储能辅助服务价格形成机制，充分调动储能主动参与系统调节的积极性。

加强储能项目管理体系建设

建立新型储能项目管理体系，明确项目各方的责任主体及具体要求，加强储能项目规划、备案、建设、并网、运行等全过程管理。建立新型储能调度运行和监管机制，科学合理提升新型储能项目调度次数，保障新型储能合理的收益。

积极探索发展用户侧新型储能

鼓励全省主要园区以市场化的形式发展用户侧新型储能，更好应对峰谷分时电价发展趋势，探索将用户侧新型储能作为园区电力供应基础设施，发挥晚高峰电力保供作用，并提升绿电供应能力。围绕大数据中心、5G 基站、工业园区、公路服务区等终端用户，探索智慧电厂、虚拟电厂等"新型储能＋"多元融合应用场景和商业模式。

开展多元化储能示范应用

积极参与国家储能示范项目申报，推动储能材料、单元、模块、系统、安全等基础技术攻关。开展压缩空气、液流电池、飞轮等大容量储能技术，钠离子电池等高安全性储能技术，固态锂离子电池等新一代高能量密度储能技术试点示范。结合系统需求推动多种技术联合应用，开展复合型储能试点示范，拓展储氢、储热、储冷等应用领域。

10

氢能

10.1 发展现状

资源禀赋优异，绿氢生产基础良好

青海省水能、太阳能、风能资源丰富，清洁能源开发优势显著。 截至 2023 年底，青海省清洁能源装机占比和新能源装机占比均居全国第 1 位。 预计"十四五"末，青海省清洁能源发电装机将达到 8200 万 kW，丰富的清洁能源和土地资源为构建"清洁能源–绿氢"产业链提供了得天独厚的资源条件，同时，氨、醇的消纳需求也为绿氢提供了新的消纳方向。

氢能发展顶层设计逐步完善

2023 年，青海省发展和改革委员会、青海省能源局发布《青海省氢能产业发展三年行动方案（2023—2025 年）》《青海省促进氢能产业发展的若干政策措施》《青海省氢能产业发展工作调度机制》《青海省绿氢化工产业发展规划（2023—2030 年）》等氢能发展规划及政策文件，围绕优化氢能发展环境、促进绿氢化工应用等方面制定促进措施，积极引领氢能产业高质量稳步发展。 同时，强调加强相关部门协作配合，解决跨部门、跨行业、跨领域的重大问题；构建"省政府统筹指导、省发展改革委省能源局综合协调、各行业主管部门牵头负责、市（州）人民政府组织落实"的全省氢能产业发展工作调度体系，确保完成氢能产业阶段性发展目标。

绿电制氢实现零的突破

2023 年 9 月，年产氢气量约为 153t 的华电德令哈 3MW 光伏 PEM 制氢项目正式投运，成功制出青海省第一方纯度 99.999% 的绿氢。 该项目是国家重点科技项目"高效可再生能源 PEM 电解水制氢装备开发"的依托示范项目，是我国在高海拔地区制绿氢的首次尝试。项目的成功投运，打通了 PEM 制氢设备关键材料、核心部件、装置及系统集成方面的产品化通道，实现国内首创的高效率 PEM 电解水制氢装置商业化应用，标志着青海省绿氢产业发展迈出重要一步，同时为推动我国绿氢产业发展壮大奠定坚实基础。

制氢应用规模及场景积极拓展

截至 2023 年底，青海省氢气产能主要来自天然气制氢、工业副产氢以及少量的电解水制氢，以灰氢为主。整体看，青海省目前制氢规模有限，氢能应用场景单一。"氢装上阵"（海东）碳中和物联产业园氢油电超级能源中心项目第一批 90 余辆氢能重卡已全部进驻园区。同时，在海西蒙古族藏族自治州重点布局的万吨级新能源弃电制氢用氢、离网制氢用氢"揭榜挂帅"项目正在开展前期工作，受绿电制氢成本较高及下游消纳市场影响，整体推进情况有待进一步加强。

青海省氢能产业促进会成立

2023 年 9 月，依托青海省氢能创新工程技术研究中心，中国华电集团青海分公司牵头成立青海省氢能产业促进会，该促进会致力于打造"六个平台"，即青海氢能领域的技术研发平台、技术转移与孵化平台、高端人才汇集与培养平台、对外交流平台、标准制定及检测平台以及政策研究平台，促进青海省清洁能源大规模开发，支撑和服务青海省清洁能源产业高地建设，从省级起步，力争创建国家级氢能创新中心。

10.2　发展趋势及特点

绿氢化工发展得到重视

2023 年 5 月，青海省发展和改革委员会印发《青海省绿氢化工产业发展规划（2023—2030 年）》，提出通过强化产学研用、优化上游制氢模式、加强中游基础设施建设、扩大下游应用示范、延伸绿氢化工产业链等多种方式，推动青海省绿氢化工全产业链高质量发展。到 2025 年，绿氢生产能力达 4 万 t 左右，建设绿氢化工示范项目不少于 2 个。在绿氢化工耦合盐湖、绿氢化工耦合新能源领域开展示范应用。到 2028 年，绿氢生产能力达

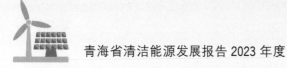

到 15 万 t，绿氢化工示范应用取得实效。 到 2030 年，绿氢生产能力达到 30 万 t，实现绿氢在化工领域大规模应用，灰氢替代取得实质性进展。

天然气管道掺氢具备较好优势

2023 年 3 月，国内首条掺氢高压输气管道工程包头—临河输气管道工程在巴彦淖尔市临河区正式开工，管道全长 258km，可实现最高掺氢比例 10%；4 月，长度为 397km 的宁夏银川宁东天然气掺氢管道示范平台掺氢比例已逐步达到 24%，天然气管道掺氢比例达到峰值；11 月，国内首次全尺寸掺氢天然气管道封闭空间泄漏燃爆试验成功实施，试验选用 323.9mm 管径管道，最大掺氢比例 30%，填补长输天然气管道掺氢燃爆验证试验空白。

青海省天然气基础设施完善，具有高压、次高压输气管道 78 条，在发展天然气管道掺氢方面具备一定优势，依托青海省丰富的天然气和可再生能源资源，以柴达木盆地涩北一号、涩北二号、台南、马西、盐湖等气田及"风光气储氢一体化"新能源大基地为基础，结合涩格输气管道、涩仙敦输气管道、涩宁兰输气管道等优越的天然气管网基础设施条件，发展可再生能源制氢及天然气管道掺氢技术，有利于推进青海省可再生能源大规模消纳。

绿氢产业发展潜力进一步提升

目前多家大型能源企业在青海省规划布局了一批清洁能源制氢、氢电耦合、氢能"制储加用"一体化示范应用项目，主要分布在西宁市和海西蒙古族藏族自治州，预计"十四五"期间规划投资总额超过百亿元，同时省内多家工业企业正在积极谋划工业领域开展绿氢替代，为氢能开发、技术创新及产业示范创造发展机遇。

10.3 发展建议

强化协调发展机制

建立青海省氢能产业发展协作机制，全面落实政府、企业主体责任，统筹推进青海省氢能产业发展工作，科学谋划和合理布局上、中、下游氢能产业发展项目，协调规划实施、项目推进、基础设施建设、用地保障、财政支持、技术创新、试点示范等各项工作，推

进氢能产业创新、布局、市场、管理、人才等方面的协同发展，优化青海省绿氢生产和使用的限制政策，探索在非化工园区建设制氢加氢一体站。

加大氢能全产业链的试点示范与推广

依托青海省丰富的新能源资源优势，统筹考虑电解水制氢技术、氢能供应能力、产业基础和市场空间，结合氢燃料公交、氢燃料重卡、氢制甲醇、氢制氨等消纳场景，有序开展氢能技术创新与产业应用示范。 同时按照"探索示范、总结推广"的思路，对示范工程推进过程中效果显著的新技术、新模式、新业态进行总结，结合实际情况进一步扩大应用范围，带动产业发展。

电氢融合推动清洁能源消纳

青海省电网薄弱，消纳问题突出，氢储能可发挥其柔性及长时间存储优势，提高可再生能源消纳利用水平。 青海省可研究电解水制氢储能作为灵活性电源，同时探索混氢和纯氢燃气轮机发电及热电联产等配套可调节电源技术，提高可再生能源消纳利用水平，构建多种储能技术相互融合的电力系统储能体系；此外氢燃料电池可作为通信基站、产业园、数据中心备用电源，提高供电质量；在大电网薄弱区域，打造以氢能和燃料电池技术为核心的分布式能源体系，发展模块化、高效率的燃料电池装置及热电联供系统，探索建设"光伏＋氢能"一体化分布式能源站，不断提高大电网未覆盖地区的能源供给水平。

拓宽多元消纳途径

工业领域，依托西宁、海东、海西工业集聚区开展绿氢化工、氢冶金、晶硅领域绿氢替代灰氢示范；交通领域，可在经济活动较为集中的西宁和海东等地区开展燃料电池公交车、物流车应用示范，可在青海湖、塔尔寺等重点旅游景区推广应用氢燃料电池大巴车，在具备条件的矿区开展氢能重卡示范；能源领域，将氢能作为重要储能方式，开展风光氢储一体化示范，同时，推动气电掺氢、二氧化碳加氢制取甲醇、纯氢冶炼等项目示范。

加快构建氢能监管安全体系

构建氢能产业安全生产监督管理体系，研究制定氢能突发事件处置预案、处置技术和作业规程，及时有效应对各类安全风险。 落实企业安全生产主体责任和部门安全监管责任，建立健全安全风险分级管控和防患排查治理双重预防机制，增强氢能制备、储运、加注、应用等环节的安全风险意识，探索制定大规模可再生能源制氢、氢储运等领域安全标准，有效保障氢能产业安全高质量发展。

11

电网

11.1 发展现状

用电负荷增长较快

2023 年青海省经济运行总体平稳，市场需求总体保持稳定，青海省经济社会呈现大局稳、民生实、质量优的良好态势，主要经济指标增速持续回升。 2023 年青海省最高用电负荷 1354 万 kW，较 2022 年增长 12.27%（见图 11.1）；全社会用电量 1018.31 亿 kW·h，同比增长 10.39%（见图 11.2）。

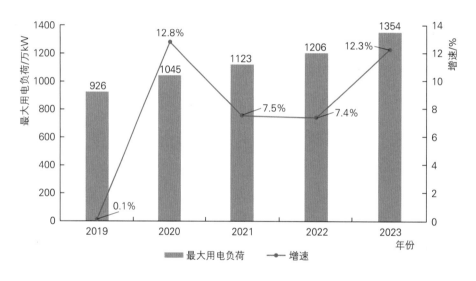

图 11.1 2019—2023 年青海电网最大负荷及增速变化

电网结构呈"东密西疏"分布特点

青海电网是西北电网的主要组成部分，交流电网最高电压等级为 750kV（见表 11.1），主网电压等级为 750kV/330kV。 目前电网已覆盖西宁市、海东市、海南藏族自治州、海北藏族自治州、黄南藏族自治州、海西蒙古族藏族自治州，以及果洛藏族自治州、玉树藏族自治州大部，其中西宁市、海东市、海西蒙古族藏族自治州是青海电网的核心地区。 截至

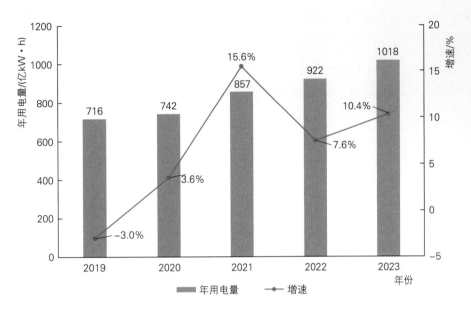

图 11.2 2019—2023 年青海省全社会用电量及增速变化

2023 年底，青海电网通过 7 回 750kV 交流线路与西北主网相连，通过 1 回 ±800kV 直流线路与河南电网相连，通过 1 回 ±400kV 直流线路与西藏电网相连。 省内中西部 750kV 电网形成鱼卡—托素—海西—日月山—塔拉—海西—柴达木"8"字形双环网结构，东部电网形成拉西瓦—西宁—官亭三角环网，南部 750kV 电网形成青南—塔拉—日月山—西宁环网，北部 750kV 电网形成日月山—杜鹃—郭隆—西宁环网。 通过 7 回 750kV 联络线与甘肃电网相连，分别为官亭—熙州双回、郭隆—武胜三回以及鱼卡—沙洲双回。 330kV 东部电网以双环网为主，中西部以单环网和辐射为主，省内电网整体呈现"东密西疏"的特点。

表 11.1 　青海省 750kV 变电站接入情况(截至 2023 年底)

市 (州)	电站名称	状态	进 展	主变容量 /万 kVA	2023 年底接入电源装机容量 /万 kW
西宁市	西宁变	已建成		3×150	190
	日月山变	已建成	正在扩建 1×210 万 kVA 主变	2×210	476
	杜鹃变	已建成		2×210	147
海东市	郭隆变	已建成	正在扩建 2×150 万 kVA 主变	2×150	158
	官亭变	已建成		2×150	441

续表

市（州）	电站名称	状态	进展	主变容量/万 kVA	2023 年底接入电源装机容量/万 kW
海南藏族自治州	青南变	已建成		3×210	815
	塔拉变	已建成		3×210	729
	红旗变	在建	预计 2024 年建成	2×210	0
	香加变	已建成	正在开展主变扩建	1×210	253
	兴和变	未纳规	预计 2027 年建成	2×210（规划）	0
	云杉变	已建成		2×210	17.4
海北藏族自治州	热水变	未纳规	预计 2027 年建成	2×210（规划）	0
海西蒙古族藏族自治州	海西变	已建成		2×150	40
	丁字口变	在建	预计 2024 年建成	2×210（规划）	0
	托素变	已建成		2×150	330
	羚羊变	已纳规	预计 2026 年建成	2×210（规划）	0
	松如沟变	已纳规	预计 2027 年建成	2×210（规划）	0
	东台变	已纳规	预计 2027 年建成	2×210（规划）	0
	柴达木变	已建成		2×210	617
	鱼卡变	已建成		2×210	555
	昆仑山变	已建成		2×210	266

青海电网成为送受能力均超千万千瓦的省级电网

2023 年，青海电网建成投运昆仑山、青杉Ⅰ回等 750kV 输变电工程， 750kV 主干网架在东部"日"字形、西部"8"字形基础上，持续向南、向西延伸。青海电网目前已有 7 回 750kV 线路与西北主网相联，交流系统最大送电能力 1050 万 kW，最大受电能力 1040 万 kW，成为送受能力均超千万千瓦的省级电网。

2023 年，青海省新增 330kV 及以上变电容量 1925 万 kVA，其中新增 330kV 变电容量 875 万 kVA，新增 750kV 变电容量 1050 万 kVA。截至 2023 年底，青海省 330kV 及以上变电容量总计 12716 万 kVA，同比增长 17.9%，其中交流变电容量 11460 万 kVA，直流换流容量 1256 万 kVA。

2023 年，青海省新增 330kV 及以上交流输电线路 966km，其中 330kV 线路 310km，

750kV 线路 655km。截至 2023 年底，青海省 330kV 及以上输电线路长度总计 14823km，同比增长 7%，其中，交流线路 13984km，直流线路 839km。

省间及跨省区外送电量下降

2023 年，青豫直流外送电量 174.7 亿 kW·h，其中青海本地电量 107 亿 kW·h。受黄河来水偏枯及省内负荷快速增长影响，青海省省间及跨省区外送电量持续下降，约 177.9 亿 kW·h，同比降低 14.76%。其中，水电净外送电量 25.9 亿 kW·h，同比下降 44.66%；新能源净外送电量 146.4 亿 kW·h，同比增长 18.35%。

2023 年，青海省外购电量 189.7 亿 kW·h，同比提高 35.89%，创历史新高，电力保供形势依然严峻。

11.2 电网运行

电力技术经济指标略有提升

2023 年，青海省煤电年平均利用小时数达到 4028h，较 2022 年增长 105h，增幅为 2.7%（见图 11.3）。青海电网线损率 2.79%，较 2022 年降低 0.29 个百分点。青海省电厂发电标准煤耗 297.96g/（kW·h）、供电标准煤耗 314.77g/（kW·h）。水电厂用电率为 0.65%，较 2022 年升高 0.14 个百分点；煤电的厂用电率 5.69%，较 2022 年降低 0.17 个百分点。

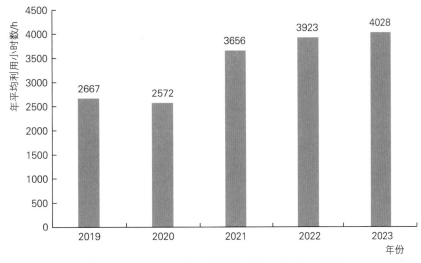

图 11.3　2019—2023 年青海省煤电利用小时数

电价及输配电价处于全国较低水平

2023 年，青海省燃煤火电基准上网电价为 0.3247 元/（kW·h），风电、光伏发电平价上网电价为 0.2277 元/（kW·h）；青海电网 110kV、35kV、10kV 大工业用电输配电价分别为 0.0677 元/（kW·h）、0.0779 元/（kW·h）、0.0834 元/（kW·h），处于全国较低水平（见图 11.4）。

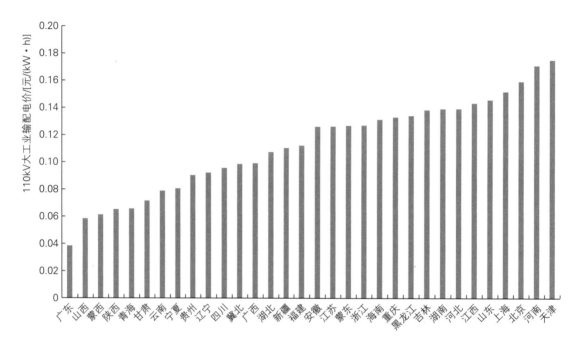

图 11.4　全国 110kV 大工业用电输配电价图

2023 年，青海省居民生活用电基准电价 0.3771 元/（kW·h）❶，实际全年用电电价为 0.388 元/（kW·h），农业生产用电基准电价 0.3417 元/（kW·h），实际全年用电电价为 0.2887 元/（kW·h）。

电力市场运行良好

在中长期交易方面，电力市场零售市场全面建立了"标准化、线上化、电商化"的交易体系，2023 年青海电力交易中心正式上线"e-交易"App，实现中长期交易连续开市。2023 年青海省内市场化交易电量 898 亿 kW·h、占全社会用电量的 88%；全年中长期购电

---

❶　含国家重大水利工程建设基金；除农业生产用电外，均含大中型水库移民后期扶持基金，清洁能源电价附加。

122.5 亿 kW·h，占外购电量的 64.6%；完成省内绿电交易 12.7 亿 kW·h，省间绿电交易 19.6 亿 kW·h，外送电量 178 亿 kW·h。 全年未发生对电力市场造成重大影响、引发重大舆情的事件，市场服务满意度处于"很满意"水平。 在电力现货市场建设方面，组织开展三次模拟试运行和一次调电试运行，逐步验证了规则体系的合理性。

11.3 重点工程

昆仑山 750kV 输变电工程建成投运

2023 年 12 月，青海省首批"沙戈荒"大基地配套电网工程——昆仑山 750kV 输变电工程建成投运，可接入新能源装机超过 400 万 kW，满足海西乌图美仁地区新能源接入需求，同步优化了海西格尔木地区 330kV 网架结构，大幅增强青海省海西地区主网架结构，推动当地新能源大规模开发利用及地方经济绿色转型发展，为电力安全保供和青海打造国家清洁能源产业高地提供重要支撑。

丁字口 750kV 输变电工程开工建设

2023 年 12 月，丁字口 750kV 输变电工程开工建设，线路工程全长 475km，力争 2024 年建成投运。 规划接入国家第一批大基地 200 万 kW、第二批大基地 30 万 kW 及其他新能源项目，为海西地区新能源项目后续开发预留了送出空间，进一步形成有机衔接周边新能源电站的电网生态圈，提升了电网资源优化配置能力，增强了青海电网的稳定运行水平。

玉树果洛二回 330kV 线路工程开工建设

2023 年 6 月，玉树果洛二回 330kV 线路工程得到国家发展和改革委员会批复。 11 月，玉树果洛二回 330kV 线路工程开工建设。 其中，玉树二回工程新建唐乃亥—玛多—玉树第二回 330kV 线路，总长 516km，工程总投资 12.8 亿元；果洛二回工程新建青南—玛尔挡—果洛第二回 330kV 线路，总长 224km，工程总投资 12.1 亿元。 工程投运后可大幅提升玉树、果洛地区从青海主网受电能力，提升供电可靠性，同时为玛尔挡水电站送出创造条件，将有效助力"三江源"腹地绿色发展，服务国家黄河流域生态保护与高质量发展战略。

印发青豫直流满功率送电三年行动方案

2023 年 12 月，青海省人民政府办公厅印发《推动青海至河南 ±800kV 特高压直流工程实现满功率送电三年行动计划（2024—2026 年）》（青政办函〔2023〕165 号），综合考虑受端电网承载能力和青海省外送能力，以消纳青豫一期、二期和存量清洁能源为主，以补充夜间特性电源、临时调度西北电力资源为辅，分三年实现青豫直流满功率运行目标，其中 2024 年午间输送功率达到 560 万 kW、电量达到 200 亿 kW·h，2025 年午间输送功率达到 600 万 kW、电量达到 300 亿 kW·h，2026 年午间输送功率达到 800 万 kW、电量达到 400 亿 kW·h。

特高压直流输电工程稳步推进

2023 年 12 月，国家能源局印发《关于"十四五"电力发展规划中期滚动调整意见的通知》（发改能源〔2023〕1688 号），明确将青海海西柴达木沙漠基地送电广西工程纳入开工建设类项目、青海海南清洁能源基地外送工程纳入提前储备类项目，正在积极开展前期工作，为青海清洁能源外送奠定坚实基础。

7 项 750kV 输变电工程纳入国家规划

2023 年 12 月，国家能源局印发《关于"十四五"电力发展规划中期滚动调整意见的通知》（发改能源〔2023〕1688 号），明确卡阳、松如沟、东台 750kV 输变电工程，红旗、托素 750kV 变电站主变扩建工程，格尔木火电厂、鱼卡火电厂 750kV 送出工程等 7 项工程纳入国家"十四五"电力规划中期调整，持续优化青海省内骨干网架。

11.4 发展建议

持续提高电力保障和安全供应能力

青海省清洁能源发展存在"五大错配"问题，特别是全省光伏单兵突进，常规支撑电源占比较小，负荷需求与电源出力不匹配，省内电力电量存在"双缺"问题。同时，受西北各省份电源同质化影响，新能源"低谷不要、高峰不送"，外购火电比例居高不下，电力供应保障存在较大挑战。建议统筹"十四五"中后期和"十五五"初期省内用电需求，加强煤炭煤电兜底保障能力，按照"先立后改、超超临界、不选新址"的原则，综合考虑青海现役公用电厂厂址、煤源、水源条件，尽快开展一批高效先进节能的支撑性火电项目前期工作，确保"十四五"开工建设，同步加快在建水电站建设进度，确保玛尔挡、羊曲水电站 2024 年底投运，发挥支撑电源保供作用。

加快推动特高压外送通道前期工作

按照《全国跨省跨区输电通道输电规划研究工作方案（2024—2027 年）》要求，结合送端电源类型、受端供需形势、通道走廊布局，统筹研究跨区通道及配套电源送出工程系统方案，做好送端配套网架优化补强工程方案研究，加快外送通道预可行性研究、可行性研究等工作。特别是海西柴达木沙漠基地送电广西工程涉及国家电网、南方电网，建议推动建立青桂两省区、国家电网、南方电网工作专班，加快前期工作，力争 2024 年核准开工；海南清洁能源基地外送工程优化调整配套电源方案，尽快明确送端省份，力争 2025 年核准开工。

加强 750kV 骨干电网建设

衔接国家"沙戈荒"大基地规划、省内重点负荷和"绿色算力"布局，聚焦新能源消纳、短路电流超标、局部潮流重载等问题，加快推进卡阳、东台、松如沟 750kV 输变电工程，托素、红旗 750kV 变电站主变扩建工程，格尔木电厂、鱼卡电厂 750kV 送出工程等 7 项 750kV 电网工程，并尽快争取丁字口 750kV 变电站主变扩建及输电工程，昆仑山 750kV 变电站主变扩建工程，红坡、热水、兴和 750kV 输变电工程等 750kV 电网工程滚动调整纳入国家"十四五"电力发展规划并开工建设，提升重要断面电力交换能力，保障负荷中心电力可靠供应以及新能源富集区上送需求。

优化完善 330kV 电网

实施 750kV/330kV 电磁环网解环，实现 330kV 电网分区运行。建设昆仑山、红旗、丁字口、东台等 750kV 汇集站 330kV 送出工程，满足清洁能源基地送出需求。 建设直却、当江荣等电网薄弱地区 330kV 输变电工程，满足涉藏地区清洁取暖负荷用电需求。 依托省级领导包联推动重大项目工作机制，加快推动玉树果洛二回 330kV 线路工程，力争"十四五"建成投运。 加快实施 10 个大电网未覆盖乡供电工程，力争 2024 年建成海西蒙古族藏族自治州天峻县苏里乡大电网延伸供电工程，争取玉树藏族自治州囊谦县东坝、尕羊、吉尼赛、吉曲四乡大电网延伸供电工程纳入国家投资计划后开工，加快玉树藏族自治州其余 5 个乡微电网供电工程建设，力争 2024 年建成投运。

12

清洁能源对全省经济带动效应

2023年，青海省地区生产总值（GDP）3799亿元，同比增长5.3%，经济运行总体回升向好。青海省积极融入国家重大能源战略布局，加快推进水、风、光等清洁能源规模化、基地化开发，清洁能源有效促进了全省经济稳定、协调、可持续发展，为现代化新青海建设贡献了重要力量。

12.1 投资增长

青海省加快推动能源结构调整，紧抓重点项目建设，清洁能源投资稳定增长，对能源投资、固定资产投资以及全省经济发展的重要性不断提升，有效推动资源禀赋转化为产业发展优势。2023年，青海省完成清洁能源领域投资345.2亿元，占全省能源投资的67.8%，占全省固定资产投资的21.3%。

清洁能源投资稳步增长

2019—2023年，青海省清洁能源投资年均增长率达到10.2%，占全省能源投资的比重从53.3%增长至67.8%，占全省固定资产投资的比重从10.7%增长至21.3%，增长了1倍（见图12.1）。清洁能源投资已成为青海省固定资产投资的重要支柱，为青海省经济社会发展起到了重要的压舱石作用。

光伏发电仍是清洁能源投资的主力军

2019—2023年，清洁能源投资中，水电、光伏发电保持了增长，风电有所降低，光热在2022年、2023年两年投资额有明显提升。其中，水电投资累计171.76亿元，占清洁能源投资的比例由4.6%提升至18.3%；光伏投资累计841.92亿元，年均增长30.6%，占清洁能源投资的比例由30.5%提升至60.1%，2023年光伏投资占比虽然较2022年略有降低，但仍是清洁能源投资的绝对主力；受风电设备成本降低原因，风电投资从2019年最高超过150亿元，降低到了2023年的64.48亿元，占清洁能源投资的比例由64.9%降低至

18.7%；光热投资累计 15.81 亿元，2023 年较 2022 年增长 70.3%（见图 12.2）。

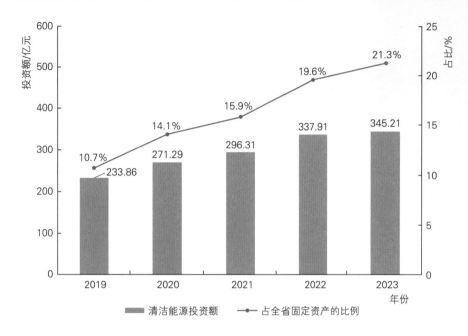

图 12.1 2019—2023 年青海省清洁能源投资及占全省固定资产投资比例

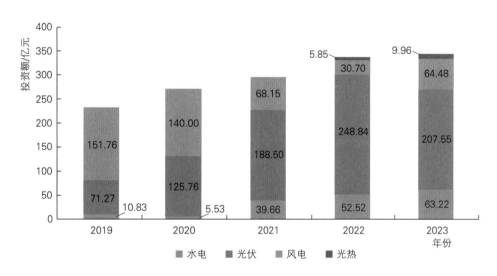

图 12.2 2019—2023 年青海省各类清洁能源投资

12.2 产业壮大

    青海省充分依托清洁能源及盐湖资源禀赋，发挥电力成本较低、产业基础较好等优势，在不断推进千万千瓦级清洁能源基地建设的同时，加大招商引资力度，培育新质生产力，打造发展新动能，形成了清洁能源发电产业与新能源制造业协同发展的良好局面，有力推动了青海产业结构转型升级，助力构建绿色低碳循环发展、体现本地特色的现代化经济体系。

清洁能源发电产值不断增长

2022—2023 年❶，青海省清洁能源发电产值从 134.34 亿元增长到 143.19 亿元，增长了 6.6%。其中，水电、太阳能发电、风电产值年均增长率分别为－2.0%、21.4%、13.7%（见图 12.3）。

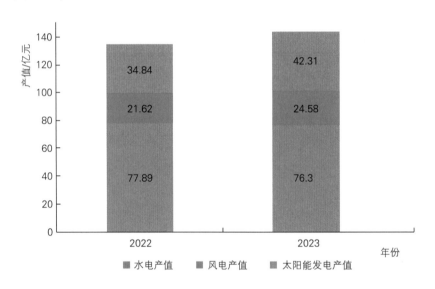

图 12.3　2022—2023 年青海省清洁能源及各类型能源发电产值

新能源产业发展迅速

2023 年，青海省新能源产业增加值同比增长 62.9%，是包括有色金属产业、生物产业、油气化工产业、装备制造业等九大规模以上工业优势产业中增长最快的。目前，已有40 余家新能源制造企业落户在青海，全国排名前 10 位的新能源企业有 5 家在青海进行投资，西宁市南川园区"光伏锂电一条街"汇集了 10 多家全国光伏制造龙头企业，形成了产业聚集和完整产业链。2023 年，青海省太阳能电池、锂电池的出口分别增长了 2 倍和 3.6倍，光伏产业总产值突破 800 多亿元，锂电新能源总产值突破 1100 多亿元，光伏和锂电产

---

❶　从 2022 年起，由于清洁能源统计口径发生变化，本部分只计算了 2022—2023 年两年的相关数据。

业已经成为青海省发展最快、新质生产力带动影响最大的核心产业。

12.3 财税增收

在全省清洁能源产业蓬勃发展的支撑下，青海省清洁能源税收总量持续增长，税收规模不断攀升，在全省税收中的占比稳定提升。

清洁能源税收总量持续增长

2019—2023 年，青海省清洁能源税收由 26.63 亿元增长至 37.59 亿元，增幅 41.2%。清洁能源占全省税收总额的比例由 2019 年的 6.89% 增长至 2023 年的 7.15%，增长 0.26 个百分点，清洁能源税收保持稳定增长。

太阳能发电税收占清洁能源税收比例增长最快

2019—2023 年，青海省各类清洁能源税收额占比发生了较大变化。其中，水电税收由 21.1 亿元降低至 10.96 亿元，占比由 79.2% 降低到 29.2%；太阳能发电税收由 5.31 亿元增长至 25.21 亿元，占比由 20.0% 增长到 67.0%；风电税收由 0.21 亿元增长至 1.42 亿元，占比由 0.8% 增长到 3.8%（见图 12.4）。

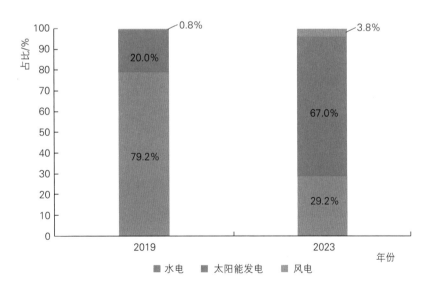

图 12.4 2019 年和 2023 年青海省各类清洁能源税收额占比变化

风力发电税收增速较快

2019—2023 年，清洁能源税收年均增长率为 9.0%。 同期，全省税收年均增长率为 8.0%；太阳能发电税收年均增长率为 47.6%；风电税收年均增长率为 60.8%；水电税收年均增长率为 - 15.1%（见图 12.5）。 清洁能源税收增速高于全省税收增速，其中增速最快的是风电。

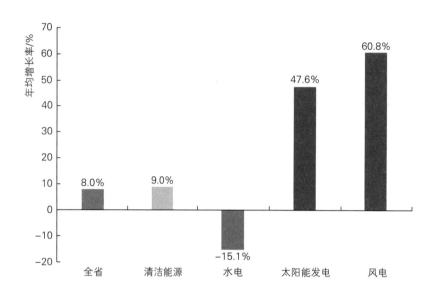

图 12.5 青海省 2019—2023 年全省、清洁能源、水电、太阳能发电、风电税收年均增长率对比

清洁能源发电行业各项税种均保持较快增长

2019—2023 年，全省清洁能源发电行业缴纳增值税、企业所得税和耕地占用税从 23.73 亿元增长至 34.95 亿元，占清洁能源发电行业税收总额的比重由 89.10% 提升至 92.98%，提高了 3.88 个百分点。 分税种看，增值税收入规模从 2019 年的 13.90 亿元增加至 2022 年的 19.07 亿元，年均增长 8.2%；企业所得税收入规模从 2019 年的 7.41 亿元增加至 2023 年的 9.85 亿元，年均增长 7.4%；耕地占用税收入规模从 2019 年的 2.42 亿元增加至 2023 年的 6.03 亿元，年均增长 25.6%。 总体看，青海省清洁能源发电行业各项税种均保持较快增长。

12.4 金融活跃

清洁能源产业的高速发展带来了旺盛的资金需求，青海省金融系统持续创新绿色金融产品、完善绿色金融服务体系，不断加大对清洁能源产业的信贷支持力度，清洁能源产业贷款余额持续增长，有效促进了省内金融业发展，提升了金融服务实体经济的效能。

清洁能源产业贷款快速增长

2019—2023 年，全省清洁能源产业贷款余额由 901.69 亿元增长至 2023 年的 1271.92 亿元，年均增长 8.98%；清洁能源产业绿色贷款余额占本外币各项贷款余额的比例，从 13.48% 提高至 16.85%，是省内贷款占比最高的单项产业，其占比持续处在全国前列（见图 12.6）。中国人民银行青海省分行引导金融机构加大对清洁能源产业的信贷支持力度，截至 2023 年底，为青海省金融机构提供碳减排支持工具资金约 162 亿元，撬动金融机构发放碳减排贷款 278 亿元。

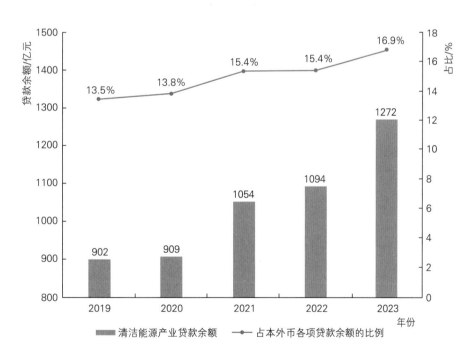

图 12.6　2019—2023 年青海省清洁能源产业贷款余额及
占本外币各项贷款余额的比例

创新绿色金融节省资金成本

青海省大力推进企业碳账户体系建设，引导金融机构将碳账户数据纳入授信决策，以差异化信贷政策为企业绿色化发展注入金融"活水"。截至 2023 年底，已为 430 余家企业建立碳账户，发放碳账户优惠贷款 1.82 亿元，节约利息支出 98.41 万元。各金融机构推出"规划合作贷款""补贴确权贷""建设期配套贷款"等 10 种专项金融产品；聚焦项目收益权、经营权等权益类资产，创新"信用＋电费收费权质押"抵押担保模式，减少抵质押要求，降低贷款准入门槛，持续推动贷款利率持续下降，帮助企业降低融资成本。

清洁能源产业链信贷运行良好

截至 2023 年底，清洁能源装备制造环节贷款余额 31.45 亿元，同比增长 135.6%；清洁能源设施建设和运营贷款余额 1150.31 亿元，同比增长 14.5%；传统能源清洁高效利用贷款余额 5.63 亿元，同比降低 38.7%；能源系统高效运行贷款余额 84.53 亿元，同比增长 25.6%。总体看，青海省清洁能源产业链信贷运行良好。

12.5 促进共同富裕

2021 年，习近平总书记在中央财经委员会第十次会议上强调，"要巩固拓展脱贫攻坚成果，对易返贫致贫人口要加强监测、及早干预，对脱贫县要扶上马送一程，确保不发生规模性返贫和新的致贫"。青海省通过大力发展清洁能源，实现了生产、生态、生活"三生共赢"，有力拓展脱贫攻坚成果，扎实推进了共同富裕。

生产方面，省内许多荒漠、戈壁通过板上发电、板间种草、板下牧羊，变成了富民的绿洲和光伏牧场，呈现出"风吹草低见牛羊"的美好画卷。植被恢复的塔拉滩光伏产业园年牧草产量达 11.8 万 t、节约养殖成本 720 万元，养殖出栏"光伏羊"2 万多只，实现收入 1600 万元，牧民年人均增收 547 元，清洁能源成为富民之源。生态方面，青海省光伏扶贫电站年均发电量约为 12 亿 kW·h，相当于年均节省标准煤消耗约 46.8 万 t，减排二氧化碳约 92.6 万 t。电站建设选址上，有效利用戈壁荒漠、荒山荒坡，全部采取高支架农光互补、牧光互补模式，提高了土地综合利用的叠加效应。实际运行中，光伏电站使地区风速降低、湿度增长，退化荒漠化草原植被得到恢复，有效改善了生态环境。 生活方面，自脱贫攻坚以来，青海省共建成 42 座光伏扶贫电站，年发电产值 8.8 亿元，使 7.7 万户、28.3 万脱贫人口拿上了"阳光存折"，20 年内将滚动扶持包括 1622 个脱贫村及部分村集体经济薄弱的村庄，以每年村均不少于 20 万元用于发展集体经济。 不少农牧民还用上了光伏取暖，"光伏 + 电采暖"取暖效果更好、安全性更高，农牧民生活品质切实获得了提升。

12.6　发展建议

紧抓人工智能智算爆发式增长机遇，打造绿色算力基地，争创国家算电融合创新发展试验区

充分发挥"数据援青"政策优势，以"大力发展智算、积极发展超算、有序发展通算"的发展思路，积极招引"大模型"及对网络通信速率要求不高的相关业务，形成省内算力多元供给，扩大青海省算力产业规模。 通过"源网荷储"一体化和智能微电网建设，统筹新能源开发与消纳，协同多元供能与负载响应，持续推动电力市场改革，促进绿电与算力相互赋能，从算力"生产、运营、管理、应用"四端不断提升碳效，提高算力产业绿电供应稳定性并持续降低用电成本。 争取国家大力支持，争创青海"国家算电融合创新发展试验区"，获取财政、金融、科技、人才等相关支持，抢占"算电融合"制高点。

布局新型高附加值产业，输出标准、科技、产业，推动清洁能源优势转化为产业优势

应用好"揭榜挂帅"制，有选择性地投资基础研究领域，重点关注压缩空气、光热、钠离子电池、液流电池、氢能等储能方向。 依托纯碱产能和锂离子产业链发展钠离子电池产业；积极引进可再生能源柔性制氢技术，探索规模化绿氢生产，推广氢燃料电池在工矿区、重点产业园区等示范应用，试点开展交通领域绿氢使用。 依托全国新能源占比最高的青海电网发展，加强新型电力系统构建关键技术突破创新，形成清洁能源"源网荷储"一体化样板工程，推动"绿电 + "产业体系标准构建。 重点关注柔性交直流输电技术、可再生能源发电集成微电网独立运行系统，重点打造全生命周期的绿色算力中心和绿色储能标准。 依托中国（青海）国际生态博览会、中国·青海绿色发展投资贸易洽谈会和"一带一路"清洁能源发展论坛等高端平台，推动"标准、科技、产业"交流输出。

培育优质绿色项目，打破清洁能源领域信息壁垒，推动绿色信贷可持续发展

持续推动"源网荷储"一体化建设，不断提升光伏、风电利用率，推动企业效益提升，增强其扩产动力，提升银行效益的整体评价，降低银行总部对青海省大型新能源项目的贷款审批难度。 建立新能源产业目录和信息共享机制，降低银行对光伏企业、光伏项目信息的获取难度，促进银行信贷的认定和支持效果。 培育更多优质的新能源项目，扩大绿色信贷项目的有效需求，持续推动碳金融等绿色金融创新，推动绿色信贷的多元、稳定供给，形成银行间绿色信贷的良性竞争，使新能源项目贷款利率回归正常市场化标准，促进绿色信贷整体的可持续发展。

积极争取国家税收优惠政策，增加微观主体活力，促进清洁能源降碳效能更好发挥

争取国家层面对于青海省清洁能源发电企业给予增值税即征即退、优惠税率、减税、退税等更多较为灵活、多元的支持政策，帮助企业在筹建、运营等各环节轻装上阵，加速发展。 建议从国家层面进一步优化企业购置环保节能节水专用设备抵免企业所得税政策，适当提高抵免比例，引导企业不断向绿色、智能、高效方向发展。 提高征管信息化水平，完善电子税务功能应用，积极实现资源整合畅通多部门税费征管协同机制，建立涉税信息共建共享机制，提升征管质效，寻求税收制度、税收政策、税收征管与国家清洁能源产业高地打造的最佳结合点，促进清洁能源产业集约化发展。

13

绿色电力证书

13.1 发展现状

可再生能源绿色电力证书简称"绿证",是可再生能源绿色电力的"电子身份证",是对可再生能源发电项目所发绿色电力颁发的具有独特标识代码的电子证书。青海省风能、太阳能、水能等可再生资源丰富,具备良好的可再生能源发展条件,绿证市场前景广阔、绿证优势较为突出。

强化顶层设计,我国绿证制度逐步健全完善

2017 年 1 月,国家发展和改革委员会、财政部、国家能源局联合印发《关于试行可再生能源绿色电力证书核发及自愿认购交易制度的通知》(发改能源〔2017〕132 号),提出在全国范围内试行可再生能源绿色电力证书核发和自愿认购制度。2019 年 1 月,国家发展和改革委员会、国家能源局下发《关于积极推进风电、光伏发电无补贴平价上网有关工作的通知》(发改能源〔2019〕19 号),鼓励平价上网项目和低价上网项目通过绿证交易获得合理收益补偿。5 月,国家发展和改革委员会、国家能源局印发《可再生能源电力消纳保障机制的通知》(发改能源〔2019〕807 号),提出承担消纳责任的市场主体可以自愿认购绿证作为补充(替代)方式完成消纳责任权重。2022 年,国家发展和改革委员会、国家统计局、国家能源局联合印发《关于进一步做好新增可再生能源不纳入能源消费总量控制有关工作的通知》(发改运行〔2022〕1258 号),明确以绿证作为可再生能源电力消费量认定的基本凭证,各省级行政区、企业的可再生能源消费量以持有的当年度绿证作为相关核算工作的基础。2023 年 8 月,国家发展和改革委员会、财政部、国家能源局联合印发《关于做好可再生能源绿色电力证书全覆盖工作 促进可再生能源电力消费的通知》(发改能源〔2023〕1044 号),提出绿证核发全覆盖,以绿证为基础的可再生能源绿色环境价值体系逐步建立,推动涵盖核发交易、拓展应用场景、促进绿色电力消费等方面的政策体系健全完善。

衔接顶层制度，青海省绿证政策环境较好

2022 年 7 月，青海省发展和改革委员会、青海省能源局联合发布《青海省关于完善能源绿色低碳转型体制机制和政策措施的意见》（青发改能源〔2022〕553 号），提出依托绿电交易，构建"坚强智能电网＋风光水储一体化电源＋绿电溯源认证"的全绿电供应体系；做好绿色电力交易与绿证交易、碳排放权交易的有效衔接，鼓励全社会优先使用绿色能源和采购绿色产品服务。 9 月，青海省发展和改革委员会、青海省能源局印发《青海省关于落实加快建设全国统一电力市场体系指导意见的实施方案》（青发改能源〔2022〕634 号），提出探索开展绿色电力交易，构建绿电溯源认证体系，为用电企业提供绿色电力消费认证，体现绿色电力的电能价值和环境价值，做好绿色电力交易与绿证交易、碳排放权交易的有效衔接。 2023 年 3 月，青海省发展和改革委员会、青海省教育厅、青海省科学技术厅等 14 个厅局联合印发《青海省支持大数据产业发展政策措施》（青发改高技〔2023〕175 号），强调构建绿电供应体系、建立绿电收益共享机制、开展绿电交易和溯源认证、建立绿色电力碳排放抵消机制。 鼓励企业积极购买绿色电力，鼓励通过自建拉专线或双边交易、购买绿色电力证书等方式提高绿色电能使用水平，逐步提升绿色电力在整体能源消耗中的占比。

总体来看，在国家绿证相关政策制度框架下，青海省充分结合地方资源禀赋、产业结构优势，出台相关促进可再生能源消纳、引导绿色电力消费、加强绿证交易等方面的政策，促进绿色电力与大数据产业、电力市场等深度融合，省内政策环境相对较好。

绿证交易有序推进，初步推动青海省企业绿电消费意识

2023 年，青海省内核发绿证约 498 万张，省内购入约 1281 万张，其中绿电交易对应绿证 103 万张，绿证单独交易 1178 万张；出售约 320 万张，其中绿电交易对应绿证 271 万张，绿证单独交易 49 万张。 截至 2023 年底，青海省累计核发绿证约 652 万张，累计购买绿证约 1284 万张，其中绿电交易对应绿证 105 万张，绿证单独交易 1179 万张；售出 334 万张，其中绿电交易对应绿证 278 万张，绿证单独交易 56 万张。 总体来看，青海省内绿证核发交易平稳有序，省内绿证绿电市场需求较为活跃，跨省绿证交易取得良好成效，为引导全社会绿电消费、提高绿色电力消费水平、服务全省经济绿色低碳转型和高质量发展提

供重要助力。

13.2　发展趋势及特点

绿证核发潜力较大，绿电供给较为充足

国家发展和改革委员会、财政部、国家能源局《关于做好可再生能源绿色电力证书全覆盖工作　促进可再生能源电力消费的通知》（发改能源〔2023〕1044 号）要求"对全国风电（含分散式风电和海上风电）、太阳能发电（含分布式光伏发电和光热发电）、常规水电、生物质发电、地热能发电、海洋能发电等已建档立卡的可再生能源发电项目所生产的全部电量核发绿证"。 青海省具有"水丰光富风好地广"能源资源优势，2023 年全省清洁能源发电量 851 亿 kW·h，占比达 84.4%，清洁能源发电量占比高，核发绿证资源潜力较大，能够较大程度扩大全国绿电、绿证供应，以青海绿电赋能国家绿色发展。

绿证购买需求扩大，助力绿电消费产业加速布局

在"十四五"能耗双控目标考核中，实行以物理电量为基础、跨省绿证交易为补充的可再生能源消费量扣除政策。 2023 年，青海省从省外购入约 1281 余万张绿证，助力完成省内能耗"双控"指标。 随着可再生能源不纳入能耗双控的政策逐步落实，青海省内绿色电力优势、绿证优势以及政府组织省外购买绿证的策略，全方面为省内企业排解"用能"和"发展"难题，有利于吸引省外企业来青投资，加快省内相关产业布局优化。 总体上，青海紧抓碳达峰碳中和机遇，积极优化营商环境，推进新能源基地建设，提升承接产业转移的软环境和硬实力，助力绿电消费产业加速布局，将新能源优势转化为低碳发展竞争力。

鼓励开展绿电溯源，积极探索电碳衔接

近年来，随着我国碳市场建设逐步推进，社会对电碳衔接的呼声愈加强烈。 碳市场是实现碳达峰碳中和目标的重要工具之一，绿证是促进能源电力消费、绿色低碳转型的重要

支撑，两者衔接能够充分发挥制度合力，体现可再生能源减排价值。 在促进绿证和碳市场融合的相关政策指导下（如青能新能〔2022〕177号、青发改高技〔2023〕175号），青海省发挥省内开展绿色电力溯源优势，率先开展绿色电力与碳排放衔接相关实践。 2023年青海省建立了全省区域、产业、行业等6类电碳测算模型，构建全国碳排放监测服务平台，实现全网碳排放监测。 未来青海省将进一步以高比例绿电供应为基础，以绿证、绿电溯源和电碳计量技术为支撑，支持产品碳足迹、零碳技术溯源等，助力省内低碳零碳技术发展。

13.3　发展建议

加快绿证核发全覆盖，扩大省内绿电供应

建档立卡是绿证核发的前提，为加快绿证核发、充分发挥绿证优势、扩大绿电供应，建议在国家绿证核发和交易规则的指导下，进一步提升省内发电企业可再生能源项目建档立卡比例，落实发改能源〔2023〕1044号文件要求，督促所有已建档立卡的可再生能源项目积极申领绿证，推动省内绿证核发全覆盖，扩大绿电供应能力。

聚焦重点领域提升绿色电力消费水平

为巩固青海省可再生能源前期发展基础和优势，建议坚持统筹协调、多措并举，鼓励社会各用能单位主动承担可再生能源电力消费社会责任，共同提升全社会绿色电力消费水平。 一是鼓励外向型企业、行业龙头企业发挥示范带动作用，引导企业购买绿证、使用绿电；二是推动将可再生能源电力消纳责任权重分解落实到用能单位，探索建立"绿电＋"产业发展模式，推动制造业、服务业绿色化发展；三是结合青海产业优势，支持重点企业、园区、城市等高比例消费绿色电力，推进零碳产业园区试点，鼓励其他园区开展低碳改造，推动建设以绿锂、绿硅、绿氢、绿色畜牧、绿色算力、科创服务为主导产业的创新型智慧零碳产业园区。

探索开展绿电消费评价实践，推动绿证国际认可

在国家能源局指导下，为推动绿证国际认可，鼓励我国在青投资企业使用绿证、绿色电力生产制造的积极性，促进产品在国际贸易中保持有利地位，探索在省内开展绿色电力消费评价实践，为在青投资企业产品出口提供有力支撑，助力青海造走向全球市场。

14

政策要点

14.1　国家政策

（1）2023 年 2 月，国家发展和改革委员会、财政部、国家能源局印发《关于享受中央政府补贴的绿电项目参与绿电交易有关事项的通知》（发改体改〔2023〕75 号），就进一步完善绿电交易机制和政策，稳妥推进享受国家可再生能源补贴的绿电项目参与绿电交易，更好实现绿色电力环境价值给出有关要求。

（2）2023 年 3 月，国家能源局印发《加快油气勘探开发与新能源融合发展行动方案（2023—2025 年）》（国能发油气〔2023〕21 号），提出在新疆、青海、甘肃等油气和太阳能资源丰富的地区，建设油气与太阳能同步开发综合利用示范工程，实现油气生产过程的清洁化供热。 推动新型储能在油气上游规模化应用，陆上在风光资源富集地区合理布局天然气调峰电站。

（3）2023 年 3 月，国家能源局印发《国家能源局综合司关于推动光热发电规模化发展有关事项的通知》（国能综通新能〔2023〕28 号），提出结合"沙戈荒"地区新能源基地建设，尽快落地一批光热发电项目。 内蒙古、甘肃、青海、新疆等光热发电重点省份能源主管部门要积极推进光热发电项目规划建设，力争"十四五"期间，全国光热发电每年新增开工规模达到 300 万 kW 左右。

（4）2023 年 3 月，国家能源局、生态环境部、农业农村部、国家乡村振兴局印发《关于组织开展农村能源革命试点县建设的通知》（国能发新能〔2023〕23 号），要求各省（自治区、直辖市）自愿组织优选不超过 1 个可再生能源资源禀赋好、开发潜力大、用能需求明确、地方政府及农民积极性高，特别是现有支持政策完备、支持力度较大的县域，申报农村能源革命试点县。

（5）2023 年 3 月，自然资源部、国家林业和草原局办公室、国家能源局综合司联合印发《关于支持光伏发电产业发展规范用地管理有关工作的通知》（自然资办发〔2023〕12 号），文件在严格保护生态前提下，鼓励在沙漠、戈壁、荒漠等区域选址建设大型光伏基地；对于油田、气田以及难以复垦或修复的采煤沉陷区，推进其中的非耕地区域规划建设光伏基地。

（6）2023年4月，国家能源局印发《2023年能源工作指导意见》（国能发规划〔2023〕30号）。意见指出2023年主要目标是非化石能源占能源消费总量比例提高到18.3%左右（2022年比例为17.5%），非化石能源发电装机占比提高到51.9%左右（2022年占比为49.6%），风电、光伏发电量占全社会用电量的比例达到15.3%（2022年比例为12.2%）。

（7）2023年5月，国家发展和改革委员会印发《关于抽水蓄能电站容量电价及有关事项的通知》（发改价格〔2023〕533号），公布了在运及2025年底前拟投运的48座抽水蓄能电站容量电价，标志着抽水蓄能电站多种电价机制并存的局面即将结束，抽水蓄能电价机制进入了一个新阶段，两部制电价已经成为我国抽水蓄能的基本电价机制。

（8）2023年6月，国家能源局组织印发《新型电力系统发展蓝皮书》，提出重点围绕"沙戈荒"地区推动大型风电、光伏基地建设，结合清洁高效煤电、新型储能、光热发电等，形成多能互补的开发建设形式，探索建立新能源基地有效供给和电力有效替代新模式。

（9）2023年6月，国家能源局综合司印发《关于开展新型储能试点示范工作的通知》（国能综通科技〔2023〕77号），以推动新型储能多元化、产业化发展为目标，组织遴选一批典型应用场景下，在安全性、经济性等方面具有竞争潜力的各类新型储能技术示范项目。

（10）2023年8月，国家发展和改革委员会等三部门印发《关于做好可再生能源绿色电力证书全覆盖工作　促进可再生能源电力消费的通知》（发改能源〔2023〕1044号），要求规范绿证核发，对全国风电（含分散式风电和海上风电）、太阳能发电（含分布式光伏发电和光热发电）、常规水电、生物质发电、地热能发电、海洋能发电等已建档立卡的可再生能源发电项目所生产的全部电量核发绿证，实现绿证核发全覆盖。

（11）2023年8月，国家发展和改革委员会办公厅、国家能源局综合司联合印发《关于2023年可再生能源电力消纳责任权重及有关事项的通知》（发改办能源〔2023〕569号），通知指出，2023年可再生能源电力消纳责任权重为约束性指标，2024年权重为预期性指标，各省（自治区、直辖市）按此进行考核评估和开展项目储备，合理安排本省（自治区、直辖市）风电、光伏发电保障性并网规模。

（12）2023 年 8 月，国家发展和改革委员会、国家能源局、工业和信息化部等六部门印发《关于促进退役风电、光伏设备循环利用的指导意见》（发改环资〔2023〕1030 号），明确到 2025 年、2030 年退役风电、光伏设备循环利用体系目标，督促指导集中式风电和光伏发电企业依法承担退役新能源设备处理责任。

（13）2023 年 8 月，国家标准委、国家发展和改革委员会、工业和信息化部、生态环境部等六部门发布《氢能产业标准体系建设指南（2023 版）》（国标委联〔2023〕34 号），这是国家层面首个氢能全产业链标准体系建设指南，明确了近三年国内国际氢能标准化工作重点任务，部署了核心标准研制行动和国际标准化提升行动等"两大行动"，提出了组织实施的有关措施。

（14）2023 年 9 月，国家发展和改革委员会、国家能源局联合印发《电力现货市场基本规则（试行）》（发改能源规〔2023〕1217 号），指出要加强中长期市场与现货市场的衔接，明确中长期分时交易曲线和交易价格；要稳妥有序推动新能源参与电力市场，设计适应新能源特性的市场机制，与新能源保障性政策做好衔接，形成体现时间和空间特性、反映市场供需变化的电能量价格信号，提升电力系统调节能力，促进可再生能源消纳，保障电力安全可靠供应。

（15）2023 年 10 月，国家能源局印发《关于组织开展可再生能源发展试点示范的通知》（国能发新能〔2023〕66 号），旨在通过组织开展可再生能源试点示范，支持培育可再生能源新技术、新模式、新业态，拓展可再生能源应用场景，着力推动可再生能源技术进步、成本下降、效率提升、机制完善。

14.2 青海省政策

（1）2023 年 1 月，青海省发展和改革委员会印发《青海省抽水蓄能项目管理办法（暂行）》（青发改能源〔2023〕3 号），制定抽水蓄能项目全阶段管理办法，以规范青海省抽水蓄能项目建设管理，促进抽水蓄能又好又快高质量发展。

（2）2023 年 2 月，青海省发展和改革委员会、青海省能源局印发《青海省氢能产业发展工作调度机制》（青发改高技〔2023〕119 号），提出建立氢能产业发展协调机制，统筹谋划全省氢能产业发展。

（3）2023年2月，青海省能源局制定《青海省能源局关于进一步规范青海省抽水蓄能项目招标工作的指导意见》（青能新能〔2023〕11号），确定了小、中、大型抽水蓄能电站确定投资主体方式，招标要求、投标要求、开标评标和定标要求，规范青海省抽水蓄能项目配置，引导抽水蓄能持续健康有序发展。

（4）2023年6月，青海省发展和改革委员会印发《青海省新型储能发展行动方案（2023—2025年）》（青发改能源〔2023〕364号），明确2023至2025年新型储能发展行动目标以及重点任务。

（5）2023年6月，青海省发展和改革委员会印发《青海省国家储能发展先行示范区行动方案2023年度工作要点》（青发改能源〔2023〕436号），提出围绕国家储能发展先行示范区建设，积极推动抽水蓄能、电化学储能、太阳能光热发电等储能技术示范，形成多种技术路线叠加多重应用场景的储能多元发展格局的发展目标。

（6）2023年7月，青海省能源局印发《青海省能源局关于推动"十四五"光热发电项目规模化发展的通知》（青能新能〔2023〕57号），根据国家能源局综合司《关于推动光热发电规模化发展有关事项的通知》（国能综通新能〔2023〕28号），提出强化规划引领、开展竞争配置、加强要素保障等发展要求。

（7）2023年7月，青海省能源局印发《2023年全省清洁供暖实施方案》（青能煤油气〔2023〕65号），明确清洁取暖工作目标以及相关建设任务。

（8）2023年7月，青海省能源局印发《关于持续做好油气长输管道保护工作的通知》（青能煤油气〔2023〕59号），提出切实加强当前油气长输管道保护工作、保障油气长输管道安全稳定运行的相关要求。

（9）2023年8月，青海省能源局印发《青海打造国家清洁能源产业高地2023年工作要点》（青能新能〔2023〕66号），明确清洁能源开发行动、新型电力系统构建行动、清洁能源替代行动、储能多元打造行动、产业升级推动行动、发展机制建设行动等具体实施内容。

（10）2023年8月，青海省发展和改革委员会、青海省能源局印发《青海省能源领域碳达峰实施方案》（青发改能源〔2023〕520号），提出采用电能替代方式进行清洁供暖改造，实施三江源地区清洁取暖工程，加快推进海西州、西宁市清洁取暖试点城市建设。

（11）2023 年 11 月，青海省能源局印发《青海省 2023 年可再生能源电力消纳保障实施方案》（青能电力〔2023〕109 号），从工作目标、消纳保障实施机制、市场主体消纳责任权重分配、市场主体管理机制、消纳责任权重履行等方面对可再生能源电力消纳保障提出要求。

（12）2023 年 12 月，青海省自然资源厅、青海省林业和草原局和青海省能源局印发《支持新能源发电、抽水蓄能及电网建设用地的若干措施的通知》（青自然资〔2023〕487 号），提出加强规划引领，优化项目布局；强化要素保障，规范用地管理等若干措施。

（13）2023 年 12 月，青海省能源局印发《青海省能源局关于开展 2024 年电力市场交易有关事项的通知》（青能运行〔2023〕134 号），提出中长期交易占比最低要求、分时段交易规则、分时电价规则等，鼓励电力用户参与省内绿色电力交易。

15

热点研究方向

水风光清洁能源一体化布局研究

开展以水风光为主的清洁能源一体化布局研究，推进建设水风光一体化示范基地。对于黄河上游水能资源丰富地区，重点围绕水风光一体化资源配置、一体化规划建设、一体化调度运行、一体化经济性评价、一体化消纳等方面开展特性研究，开展黄河"水风光一体化"可再生能源综合基地布局研究，提升可再生能源存储和消纳能力。

以"沙戈荒"为重点的大型风电光伏基地布局研究

聚焦海南州戈壁基地、海西柴达木沙漠基地，加快建设以大型风电光伏基地为基础、以周边清洁高效调节电源为支撑、以稳定可靠的特高压输电线路为载体的清洁能源供给消纳体系，按照先易后难、分批实施的原则，统筹风电光伏基地、调节支撑电源、特高压外送通道"三位一体"协同推进大型风电光伏基地建设。重点研究纯清洁能源或高比例清洁能源外送方案，高质量打造国家清洁能源产业高地。

生态友好型小水电站技术改造研究

建设生态友好型的小水电站是小水电未来现代化发展的主要内容，目前小水电站面临小而散、管理难、设备老旧、监管手段不足等问题，通过开展生态友好型小水电站技术改造研究，对设备设施更新改造，全面提升水电站硬件现代化水平及运行可靠性；应用新技术建立智能化、集约化运行模式，提升现代化运营管理水平。

抽水蓄能发展需求规模研究

抽水蓄能是电力系统重要的绿色低碳清洁灵活调节电源，合理规划建设抽水蓄能电站，可为新能源大规模接入电力系统安全稳定运行提供有效支撑。系统梳理服务省内电力系统需求的抽水蓄能规模和纳入"沙戈荒"基地配套抽水蓄能规模，开展抽水蓄能发展需求论证，按照"框定总量、提高质量、优中选优、有进有出、动态调整"的原则制定、调整规划，指导抽水蓄能合理有序发展。

以抽水蓄能为主要调节电源支撑远距离外送研究

抽水蓄能是当前技术最成熟、经济性最优、最具大规模开发条件的电力系统绿色低碳清洁灵活调节电源，与风电、太阳能发电、核电、火电等配合效果较好。通过开展以抽水蓄能为主要调节电源支撑远距离外送研究，明确抽水蓄能支撑大型风电光伏基地远距离外送的可行性。

高精度可再生能源发电功率预测技术研究

系统开展全省风光观测网络建设工作，统筹开展全省新能源资源普查。在此基础上，结合青海省能源结构、电力供需特点，开展全省范围风电、光电、水电等可再生能源中长期（月度、季度、年度）电力电量的高精度预测，同时进行年度、季度电煤需求分析，对极端和异常气象进行预报预警，对电力保供进行电力监测，进一步发挥能源保供和能源安全保障作用。

高海拔、低风速风电机组技术创新研究

针对青海省风能资源特性和海拔特性，考虑风机大型化发展趋势和高原风电开发技术难点，积极推进高海拔、低风速风电机组技术创新研究工作。对 4.5～6.0m/s 低风速区间，从提高发电量和机组安全运行角度，提出新型风机型号特征、关键部件参数和创新控制策略，总结风机研发路线，借鉴相关攻关措施，制定适合青海定制化风电发展的技术路线。

光热发电规模化开发利用及核心技术研究

依据国家及青海省政策，结合风电、光伏发电度电成本低的特点，充分发挥光热电站在调节和储存方面的优势，开展风电、光伏与光热发电联合开发模式研究，促进光热发电行业可持续发展。同时开展光热发电核心技术攻关、工程施工技术和配套设备创新，推进光热电站建设成本下降和安全可靠性提升。

"光伏+"多场景融合发展研究

青海省太阳能资源丰富，推动一批以太阳能发电与荒漠化土地、油气田、盐碱地等生态修复治理相结合的太阳能发电基地，在全面平价的基础上打造"生态修复＋光伏发电"绿色引领的新能源生态修复示范项目，推动"板上发电＋板下种草＋光伏羊"的产、销模式，实现能源建设、经济效益和环境治理共赢发展。特别是结合"三北"工程推进情况，深入实施一批防沙治沙与风电光伏一体化工程，促进新能源与治沙工程融合发展。

地热能供暖应用研究

研究地热能在供暖领域的用能替代，由城市向重点乡镇普及。在重点城市中心城区，以"集中与分散相结合"的方式，在主要城镇老旧城区改造中，研究中深层地热供暖与城镇基础设施建设、新农村建设融合发展的方式，推进城市新区地热能供暖建设，创新城市用能新模式。研究不同类型的地热能开发利用方案，扩展地热能应用场景，探索地热能利用产业化经营，与旅游度假、温泉康养、种养殖业及工业等产业融合发展，探索推动"地热能＋"多能互补的供暖形式。

油气勘探开发与新能源融合发展模式研究

统筹油气增产与新能源开发、新能源消纳与储能、风光发电与气电调峰的关系，加快构建油气勘探开发与新能源融合发展模式，实现油气保障供应与绿色低碳转型相统一。大力推进陆上油气矿区及周边地区风电和光伏发电，加快提升油气上游新能源开发利用和存储能力，积极推进绿色油气田示范建设。

储能价格机制优化研究

针对新型储能盈利模式较为单一的实际，通过建立合理的储能价格体系，刺激和拉动储能项目投资。针对用户侧储能主要利用峰谷电价差获益和青海省峰谷电价与电力市场供需存在倒挂的实际，进一步完善分时电价机制，根据用电负荷特性，分季节重新划定峰、谷、平时间段，探索制定"尖峰电价"和"深谷电价"，拉大峰谷电价差，为用户侧储能发展创造空间。

可再生能源与氢能耦合技术研究

青海省丰富的可再生能源和土地资源为构建"可再生能源—绿氢"产业链提供了得天独厚的资源条件。持续开展绿色低碳氢能制取研究，在风光水电资源丰富地区，开展可再生能源制氢示范，逐步扩大示范规模。持续开展可再生能源与氢能耦合技术研究，促进氢制备、氢储运、加氢站、燃料电池及核心零部件等产业链形成，使氢能成为新型电力系统的灵活性资源、长周期储能和外送新载体，缓解消纳、外送压力，成为新型电力系统的重要组成部分。

天然气管道掺氢技术研究

天然气掺氢技术既能实现氢能的大规模储存，又能高效低成本输送氢气，是降低天然气利用过程碳排放强度，保障燃气供应安全的有效途径。加强管材氢相容性、管网设备和部件掺氢适应性以及管道运行安全保障等技术研究，逐步开展掺氢天然气输送技术应用示范，推动天然气掺氢产业规模化发展。

新型电力系统关键技术研究

把握青海清洁资源优势，发挥清洁能源为主导的电源结构优势、区位优势、绿电品牌优势，以新理念、新结构、新技术、新机制为指导，构建以新能源为主体的新型电力系统。重点开展新能源主动支撑"构网"技术、新能源友好汇集接入、新能源制氢等新技术研究；加快柔性直流大容量外送技术、光热等应用；重点打造清洁能源技术创新中心、国家级低碳技术创新平台等。

特高压柔性直流关键技术研究

特高压直流输电具有输送距离远、输送容量大、损耗低、占地省等优势。针对"沙戈荒"千万千瓦级新能源基地无常规电源支撑问题，开展高比例新能源接入、远距离输电的特高压柔性直流输电技术研究，形成千万千瓦级新能源基地经特高压柔性直流送出的整体解决思路，推动"沙戈荒"大型风电光伏基地高质量建设和运行，满足青海省大规模新能源外送需求。

农村能源综合利用研究

继续推动农村建筑屋顶、空闲土地等推进分布式光伏发电发展。研究探索北方地区清洁取暖工程，因地制宜推动太阳能、地热能、农林生物质直燃、生物成型燃料供暖，构建多能互补清洁供暖体系。研究农林废弃物、畜禽粪便资源化利用，助力农村人居环境整治和美丽乡村建设。提升农村用能清洁化、电气化水平，开展农村新能源微能网示范，促进农村可再生能源生产和消纳良性发展。

绿证交易平台建设研究

衔接国家能源局、国家可再生能源信息管理中心，探索建立国家认可的省级绿证交易平台。开展绿证交易前期研究工作，掌握组织绿证交易的业务模式及交易平台功能需求，建立青海省能源消耗、绿证交易等数据采集接入规范标准。依托青海省智慧双碳大数据中心，实现核发绿证所需信息、绿证交易信息等数据汇集和分析，支撑交易平台建设方案并适时开展系统建设工作。

"绿色算力基地"实施方案研究

发挥青海高原资源能源优势，推动绿色电力向绿色算力转化，主动承接"东数西算""东数西存""东数西训"，打造立足西部服务全国的青海绿色算力基地。深化大数据、人工智能等研发应用，开展"人工智能＋"行动，打造省级绿色算力产业试点示范区、示范企业、示范工程。创新电力算力协同机制，开展算力电力联合调度协同试点，支持鼓励"沙戈荒"大基地项目与绿色算力产业项目协同开发。

16

大事纪要

3 月 28 日，同德抽水蓄能电站项目开工仪式在同德县举行。 该电站总装机 240 万 kW，多年平均年用电量 39.1 亿 kW·h、年发电量 29.3 亿 kW·h。 依托玛尔挡水电站库区为下水库，是全国第一个"一库两抽蓄"项目，也是青海省首个依托在建大型水电站建设的抽水蓄能项目。 项目建设后，将为青海省打造清洁能源产业高地、助力国家建设新型能源体系、推进能源革命奠定基础。

4 月 4 日，青海省能源局发布关于 2023 年首批重点研究课题承担单位公示。 课题围绕源网荷储四端协同、一体化调度外送电源基地布局、一体化运营、网源协同发展、抽水蓄能协同发展、新型储能协同发展、风电规模化发展、生态协同发展、价格机制、新能源电站并网可靠性等 14 个方面开展专题研究，研究成果可为打造国家清洁能源产业高地，统筹新时代新能源高质量发展重大要求和青海清洁能源发展现实困难迫切需求提供参考。

4 月 12 日，青海省首例多功能光伏建筑一体化项目成功并网发电。 该项目由屋顶光伏、地面光伏、幕墙光伏、光伏车棚等多应用场景下的"绿色、清洁、低碳"综合智慧能源网组成。 其中包含 100kW 多功能光伏幕墙、157.76kW 常规组件光伏幕墙、179kW 光伏智慧停车场、4.783MW 屋面分布式光伏系统，总计可年发绿电 540 万 kW·h，减少二氧化碳排放 5388t。 项目通过了光伏行业、建材行业相关测试验证，取得了 3C 及绿色建材认证，可满足建筑应用需求。

6 月 13 日，青海省新型电力系统技术创新中心建设方案正式获得省科学技术厅批复，标志着我国首个省级新型电力系统技术创新中心诞生。 该中心依托国网青海电力和共建单位的重点实验室等科研平台，重点打造多能互补与协调控制技术、输变电设备运行与检测技术、氢–电耦合与多能转换技术、综合智慧能源高效利用技术四个研发实证基地，统筹开展新型电力系统源、网、荷、储（氢）、大数据等全要素先进技术、装备、材料的科研攻关和示范验证，服务青海打造清洁能源产业高地和我国碳达峰碳中和目标推进。

7 月 1 日，青海省格尔木市 60MW/600MW·h 液态空气储能示范项目开工，标志着世界最大液态空气储能示范项目正式开工建设。 该项目位于海西蒙古族藏族自治州格尔木市东出口光伏园区，配建光伏 250MW、110kV 升压站 1 座，计划 2024 年内整体并网发电。 项目建成投产后，将成为液态空气储能领域发电功率世界第一、储能规模世界最大的示范项目，填补了大规模长时储能技术空白，为青海省打造国家清洁能源产业高地提供有力支撑。

7月3日，省能源局、国家能源局西北监管局、省发展和改革委员会、省自然资源厅、省林业和草原局联合印发《关于推动"十四五"光热发电项目规模化发展的通知》（青能新能〔2023〕57号），为推动光热规模化发展提供了政策指导。提出加大电价支持、鼓励参与市场等支持政策，推动降低建设成本、提高项目收益。为强化电价支持，明确2023—2025年，通过竞争性配置取得的光热一体化项目均参与市场化交易，光热上网电价参照《国家发展改革委关于进一步深化燃煤发电上网电价市场化改革的通知》（发改价格〔2021〕1439号）执行。

7月20日，以"开放合作·绿色发展"为主题的第24届中国·青海绿色发展投资贸易洽谈会在西宁隆重开幕。展会重点围绕产业"四地"建设，设置浙商"地瓜经济"与浙青产业协作论坛、盐湖资源综合利用暨锂产业发展论坛、信用赋能高质量发展论坛、青海数据援青暨大数据产业绿色发展峰会、光伏产业高质量发展论坛、2023中国（青海）产业投资峰会、2023"一带一路"清洁能源发展论坛共7项论坛活动，以高水平开放推动高质量发展，为加快实现现代化新青海奋斗目标贡献力量。

8月6日，国家电网有限公司青海哇让抽水蓄能电站暨玉树果洛二回、丁字口输变电工程开工动员大会在西宁举行。哇让抽水蓄能电站是我国西部地区装机最大，也是"十四五"以来开工建设的全国装机最大的抽蓄项目，玉树果洛二回、丁字口输变电工程是"十四五"期间优化完善青海网架结构的重点工程。工程总投资约215亿元，建成后将有力推动青海新型电力系统建设，促进源网荷储协同，提升供电保障能力，更好满足青海经济社会发展用电需要。

8月19日，世界超高海拔地区（3500m以上）装机容量最大、调节库容最大的抽水蓄能电站—青海格尔木南山口抽水蓄能电站正式开工建设。该项目位于青海省海西蒙古族藏族自治州格尔木市境内，项目装机容量240万kW，共安装8台30万kW抽水蓄能机组，上水库海拔达3700m，计划2028年实现首批机组投产，2030年实现全部机组投产。项目建成投产后，能够有效调节240万kW装机的风电和500万kW（交流侧）的光伏，每年可带动新能源发电量增长近148亿kW·h。

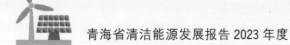
9 月 15 日，由青海省人民政府举办，以"绿色低碳·智创未来"为主题的 2023"一带一路"清洁能源发展论坛在西宁举办，来自 18 个国家的参会代表，国内知名高校、科研院所专家学者参加。活动现场视频连线了中国绿发海西多能互补示范项目、天合光能青海大基地、黄南藏族自治州尖扎县德吉村光伏扶贫发电项目，从不同角度展现青海清洁能源产业发展成效；国网青海省电力公司发布了绿电溯源创新成果应用，黄河上游水电开发有限责任公司获得青海首份基于国际 EPD 体系要求的 EPD 证书，展现在碳达峰碳中和背景下青海电力数字化助力绿色低碳转型发展，支撑全省能、碳双控建设成效。

9 月 29 日，华电德令哈 PEM 电解水制氢示范工程正式投产运行，成功制出青海省第一方纯度 99.999％的绿氢。本项目共建设 3 套兆瓦级 200Nm³/h（标准立方米每小时）的 PEM 电解水制氢系统，年制氢能力 153t。依托省内丰富的太阳能发电资源，采用"光伏发电＋弃电制氢"模式，大大降低了制氢成本，能有效推动新能源产业链延长、价值链提升，实现绿电的规模化消纳。

10 月 10 日，李家峡水电站 5 号机组顺利通过 72h 试运行，正式投产发电，标志着我国首次采用双排机布置，也是世界最大双排机布置的李家峡水电站实现 200 万 kW 全容量投产。李家峡水电站 5 号机组扩机工程是青海省重点建设项目和海南州特高压外送基地电源配置的重要组成部分，主要配合光伏、风力发电间歇性电源运行，平抑风光发电出力变幅，将新能源发电转换为安全稳定的优质电源，实现清洁能源打捆外送。

10 月 10 日，青海省、国家能源局共建青海国家清洁能源示范省第三次协调推进会在西宁召开。会议深入贯彻习近平总书记提出的"四个革命、一个合作"能源安全新战略和打造国家清洁能源产业高地建设重要指示精神，听取"十四五"国家清洁能源产业高地建设进展和专家咨询委员会评估结果，审议并原则通过了《青海省人民政府、国家能源局共建青海国家清洁能源示范省 2023—2024 年工作要点》。

10 月 11 日，青海省委全面深化改革委员会第二十二次会议在西宁召开。会议强调，清洁能源产业是一个跨时空、跨地区、跨行业、跨领域的新兴产业。要加强顶层谋划，形成规划、基地、项目、政策、企业"五位一体"推进格局；突出重点补齐短板缺项，强化源网荷储一体化推进；增强工作统筹能力，通过"清洁能源＋"，推动高地、"四地"建设联动融合发展。要在细化落实规划、电源互济互补、电网互联互通、增强负荷调节、储能多元创新、深化体制改革、绿色低碳共享上再加力，推动国家清洁能源产业高地建设迈上新台阶、取得新成效。

11 月 14 日，黄河上游在建海拔最高、装机最大水电站——玛尔挡水电站正式下闸蓄水，标志着该电站正式进入首台机组投产发电前的冲刺阶段。该水电站位于果洛藏族自治州玛沁县拉加镇上游约 5km 的黄河干流上，总装机容量 232 万 kW，总投资约 230 亿元，是龙羊峡以上黄河干流湖口至尔多河段规划的第九座梯级电站，是国家实施"西电东送"和"青电入豫"的骨干电源点。电站蓄水分两个阶段进行。第一阶段导流洞下闸，水库水位蓄至 3240m，工程具备发电条件；第二阶段水库水位从 3240m 蓄至正常蓄水位 3275m，整个过程蓄水时间约 273 天。

12 月 14 日，黄河羊曲水电站镶嵌混凝土面板堆石坝坝体填筑顺利封顶，为按期实现 2024 年投产发电目标奠定坚实基础。该电站位于青海省海南藏族自治州兴海县和贵南县交界处，是黄河干流龙羊峡水电站上游"茨哈、班多和羊曲"三个规划梯级电站的最下一级，安装 3 台 40 万 kW 混流式水轮发电机组，总装机容量 120 万 kW，平均年发电量约 47.32 亿 kW·h，相当于每年可节约标准煤约 166 万 t，在助力黄河流域生态保护和高质量发展方面将发挥积极作用。

12 月 23 日，青海省公共资源交易网发布青海省海西蒙古族藏族自治州 200 万 kW 风电项目标段一、二、三、四中标候选人公示的公告，每个标段容量为 50 万 kW。四个标段中标候选人分别为：国家电力投资集团有限公司和明阳智慧能源集团股份公司联合体、中国绿发投资集团有限公司和国网（青海）综合能源服务有限公司联合体、中国三峡新能源（集团）股份有限公司和东方电气股份有限公司联合体、龙源电力集团股份有限公司和天合光能股份有限公司联合体。

12 月 31 日，青海省全年新增清洁能源发电装机容量 983 万 kW，各类电源累计装机容量 5498 万 kW。其中，水电装机容量 1305 万 kW，占全部发电装机容量的 23.7%；太阳能发电装机容量 2561 万 kW，占全部发电装机容量的 46.6%；风电装机容量 1185 万 kW，占全部发电装机容量的 21.6%；煤电装机容量 389 万 kW，占全部发电装机容量的 7.1%；储能装机容量 50 万 kW，占全部发电装机容量的 0.9%；生物质发电装机容量 7.8 万 kW，占全部发电装机容量的 0.1%。

声　明

　　本报告相关内容、数据及观点仅供参考，不构成投资等决策依据，青海省能源局、水电水利规划设计总院不对因使用本报告内容导致的损失承担任何责任。

　　本报告中部分数据因四舍五入的原因，存在总计与分项合计不等的情况。

　　本报告部分数据及图片引自国家发展和改革委员会、国家能源局、青海省统计局、国网青海省电力公司、国家税务总局青海省税务局、青海省电力交易中心等单位发布的文件，以及 2023 年全国电力工业统计快报、《2023 年中国风能太阳能资源年景公报》、《中国光伏产业发展路线图（2023—2024 年）》等统计数据报告，在此一并致谢！